# 家居软装搭配

## 从入门到精通

理想·宅 编

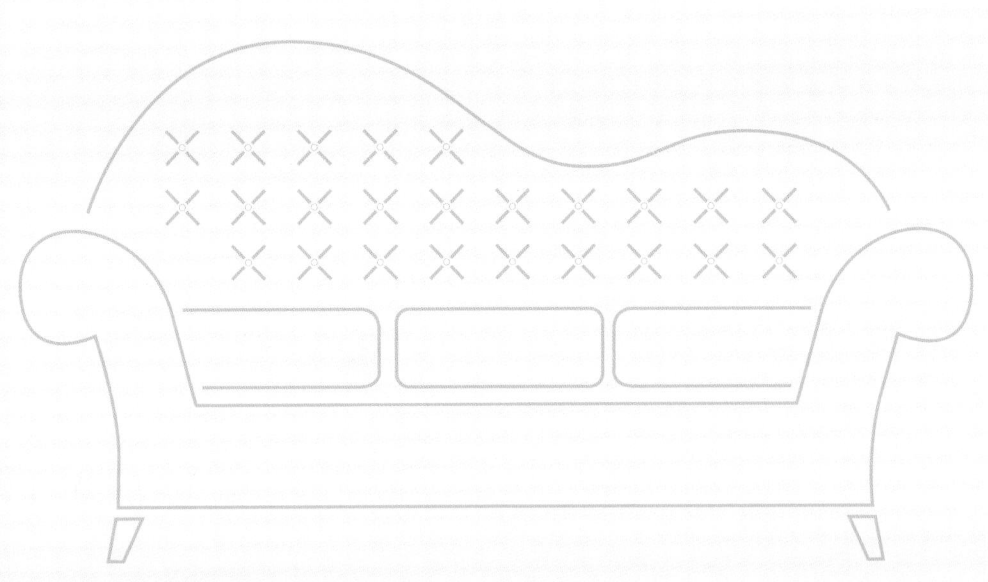

中国电力出版社
CHINA ELECTRIC POWER PRESS

## 内 容 提 要

本书列举了目前家居装修中所用到的主流软装装饰以及最基本的搭配技巧。本书分为 5 章，划分 20 多个软装种类，详细讲解了每种软装的分类、搭配的技巧和常见的摆放方法等内容。本书还从具体案例入手，通过对 13 种常见装修风格软装设计进行剖析，更清晰简要地展现软装搭配。除了图片与文字结合讲解外，本书还使用类比讲解，使人能更直接透彻地了解家居软装设计。

**图书在版编目（CIP）数据**

家居软装搭配 : 从入门到精通 / 理想・宅编 . —
北京 : 中国电力出版社 , 2018.6
ISBN 978-7-5198-1926-2

Ⅰ. ①家… Ⅱ. ①理… Ⅲ. ①住宅 – 室内装饰设计
Ⅳ. ① TU241

中国版本图书馆 CIP 数据核字（2018）第 068511 号

---

出版发行：中国电力出版社
地　　址：北京市东城区北京站西街 19 号（邮政编码 100005）
网　　址：http://www.cepp.sgcc.com.cn
责任编辑：曹　巍　（010 – 63412609）
责任校对：王小鹏
责任印制：杨晓东

---

印　　刷：北京盛通印刷股份有限公司
版　　次：2018 年 6 月第一版
印　　次：2018 年 6 月第一次印刷
开　　本：710 毫米 ×1000 毫米　1/16
印　　张：11
字　　数：262 千字
定　　价：68.00 元

---

# 目录

CONTENTS

第三章
**周边因素与软装的关系**



第四章
**常见居住人群的软装搭配**



第五章
**不同家居风格的软装搭配**



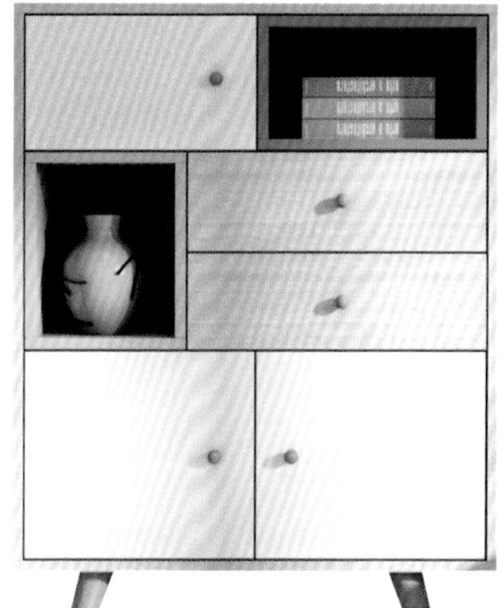

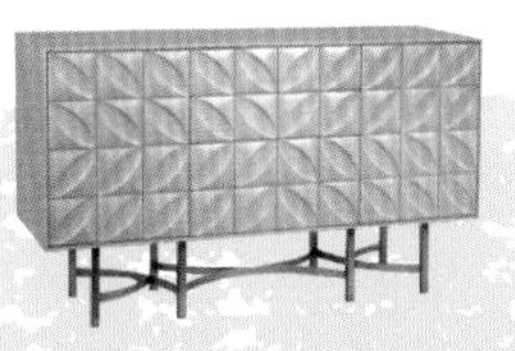

# 第一章

## 家具的分类及空间应用

家具是室内设计中的一个重要组成部分，是陈设中的主体。相对抽象的室内空间而言，家具陈设是具体生动的，它对室内空间的二次创造起到了识别、塑造、优化的作用。本章我们将学习 9 种常见软装家具的空间应用，了解具体软装家具的分类及特征。通过详细的列举归纳，轻松掌握家居软装搭配重点。

学习要点

1. 客厅常见家具沙发、茶几、电视柜的空间应用及分类。
2. 餐厅常见家具餐桌椅、餐边柜的空间应用及分类。
3. 卧室常见家具床、衣柜的空间应用及分类。
4. 玄关常见家具玄关柜的空间应用及分类。
5. 书房常见家具书柜的空间应用及分类。

# 沙发

## 一、常见搭配技巧

由于沙发的种类很多，因此在搭配时应注意客厅的整体环境。色彩简洁的经典款，搭配不同样式的抱枕，就能形成不一样的客厅风格。

### 1. 依据墙面尺寸选择沙发

在选择沙发时，长度最好占墙面的 1/3~1/2。例如靠墙为 6m，那么沙发长度最好在 2m 到 3m，并且两旁最好能各留出 50cm 的宽度，用来摆放边桌或边柜。

### 2. 根据客厅空间确定沙发尺寸

客厅面积较小时，可以选择双人沙发或三人沙发；客厅面积比较大时，则可以选择转角沙发或组合沙发。

### 3. 根据家居主色选择合适的沙发抱枕

当客厅色彩比较丰富时，选择素雅的抱枕就不会显得客厅杂乱；当客厅色调比较单一时，视觉冲击性强的对比色抱枕可以丰富视觉层次。

## 二、常用布置方法

在客厅的家具布置中，沙发是占地面积最大、最影响风格的家具。因此，在选择时首先要确定客厅的面积与风格，然后再配置与之相协调的沙发。

### 1. 一字形

一字形是最简单的布置方式，适合小面积的客厅。因为沙发的元素比较简单，所以别致、造型独特的沙发，能给小客厅带来变化的感觉。

### 2.L 形

L 形是客厅沙发常见的摆放形式，它充分利用转角处空间，为居室留出了更多的富余空间。而成员或宾客较多的家庭，也可以使用将三人沙发与双人沙发组合摆放成 L 形的组合沙发。

### 3.U 形

U 形布置一般由双人或三人沙发、单人椅、茶几构成，这种布置能拉近宾主之间的距离，营造出亲密、温馨的交流气氛。

### 4. 围合式

围合式布置方式是以一张大沙发为主体，配上两把或多把沙发或椅凳。在固定了主体沙发的位置后，另外几个辅助椅可以随意摆放，只要整体上完整融合就可以。

1
2
3
4

# 常见沙发种类一览表

| 类型 | 特点 |
| --- | --- |
| 中式沙发 | 1. 线条简练，样式传统<br>2. 中式古典沙发雕花繁复，体积较大，多使用实木材质<br>3. 新中式沙发减少庄重繁杂的雕花，体积适中，融入现代材料 |
| 欧式沙发 | 1. 线条流畅优美，色彩富丽<br>2. 雕花精致大气<br>3. 体积硕大<br>4. 需定期打理<br>5. 新欧式沙发线条更加简化，色彩淡雅 |
| 简约沙发 | 1. 色彩素雅，线条平直<br>2. 强调功能性和实用性<br>3. 样式简洁，形体轻盈<br>4. 适合现代风格、简约风格、北欧风格的居室 |
| 布艺无脚沙发 | 1. 无脚设计带来质朴感<br>2. 布艺色彩、图案丰富多样<br>3. 透气性好，舒适度高<br>4. 适合面积相对较小的居室及简约风格的家居摆放<br>5. 若布艺图案为格纹或碎花，则适用于田园、乡村风格 |
| 皮革沙发 | 1. 气派低调，体积较大<br>2. 触感柔滑，结实耐用<br>3. 需要定期打理<br>4. 拆换简单，容易清洗<br>5. 适合美式乡村风格、工业风格的居室 |

# 茶几

## 一、常见搭配技巧

茶几的选择最好和客厅整体风格相适应。造型上也要以和谐为主，与周围的家具协调一致才能达到视觉上的美观。

### 1. 茶几和沙发风格统一

确定沙发风格后，再挑选茶几的颜色、样式来与之搭配，就可以避免桌椅不协调的情况。例如，皮质沙发可以搭配几何造型金属茶几，便可以展现简洁硬朗的现代风格。

### 2. 茶几造型可与沙发互补

如果不想居室风格过于沉闷统一，茶几的选择可以多样化。比如布艺长沙发可以选择与实木小圆桌搭配，既能活跃客厅气氛，又能节约空间。

### 3. 居室面积影响茶几选择

如果客厅空间较大，可以考虑摆放色调沉稳、深暗色系的茶几，还可以挑选具有功能性兼装饰性的小茶几，为空间增添更多趣味和变化；如果客厅较小，可以摆放椭圆形等造型柔和的茶几，或者是瘦长形等可移动的简约茶几。

## 二、常用布置方法

如果客厅空间充裕，可以将茶几摆放在沙发前面；倘若沙发前的空间不充裕，则可在沙发旁摆放边几。在长条形的客厅中，宜在沙发两旁摆放边几以此减少狭长感。

### 1. 茶几摆放符合人体工学，动线才会顺畅

茶几的摆放要合乎人体工学，茶几跟主墙最好留出 90cm 的走道宽度；茶几跟主沙发之间要保留 30 ~ 45cm 的距离（45cm 的距离最为舒适）；茶几的高度最好与沙发被坐时一样高，大约为 40cm。

### 2. 摆放方式要与居室整体协调

茶几的摆放要与整体空间陈设基调一致，格局要均衡，疏密相间。当居室家具摆放比较紧凑时，茶几的摆放可以隔出点距离，分出层次，避免视觉上有拥挤感；如果居室家具摆放松散，那么可以选择体积较大的茶几，摆放在离其他家具稍近的距离上，拉近整体联系，视觉上比较平衡。

### 3. 组合茶几注意搭配形式

多个小茶几组合的形式非常美观，实用性也颇高，但组合上要注意搭配形式。比如多个金属圆茶几的组合，一般采用两到三个搭配，一大一小、一高一矮，可以形成错落有致的美感，让客厅更有层次感。

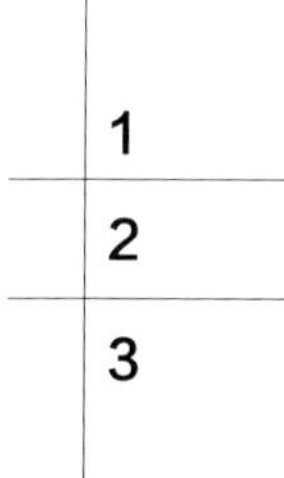

# 常见茶几种类一览表

| | | |
|---|---|---|
| 沙发桌 |  | 1. 低矮稳固<br>2. 功能性强<br>3. 适合简欧风格、混搭风格的居室 |
| 玻璃茶几 | 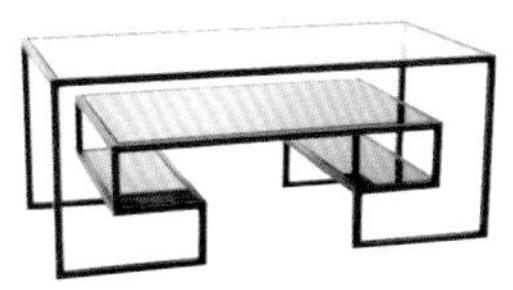 | 1. 造型多变，气质通透<br>2. 清理方便<br>3. 适合简约风格、现代风格的居室 |
| 大理石茶几 |  | 1. 样式时尚<br>2. 结实耐用且容易清理<br>3. 适合欧式古典风格、法式风格的居室 |
| 木质茶几 |  | 1. 色调温和<br>2. 造型简洁清爽<br>3. 强调功能<br>4. 体积较小的适合简约风格、北欧风格的居室<br>5. 体积较笨重的适合美式乡村风格的居室 |
| 藤竹茶几 | 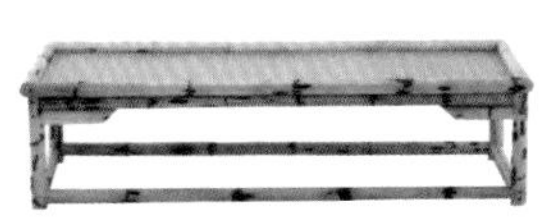 | 1. 色调温和<br>2. 造型简洁清爽<br>3. 材质自然轻便<br>4. 适合东南亚风格、田园风格的居室 |

# 电视柜

## 一、常见搭配技巧

电视柜的用途从单一向多元化发展，不只有摆放电视的用途，还是集产品收纳、摆放与展示功能为一体的家具。

### 1. 配合客厅风格搭配不同的电视柜

现代风格的客厅，可以选择线条简单的电视柜；田园风格的客厅，可以选择带有泥土气息或者颜色比较跳跃的电视柜。总之，客厅和电视柜的整体风格要配合好，这样电视柜才可以提升客厅的风格和水平。

### 2. 根据实际需要确定电视柜样式

可以根据自身需要摆设的物品类别和数量来选择组合电视柜和隔板。家里书籍较多的朋友，可以打造一个书架墙，不仅节省空间，还能彰显屋主的文化品位。如果家里的工艺品较多，可以考虑营造成展示墙，将小物件一一展示，给电视柜添加美感和趣味。

### 3. 根据电视尺寸选择电视柜

电视柜的尺寸选择要结合电视的长宽高，这样可以避免购买之后电视柜不合适的现象。我们观看电视的视线高度是坐下时的视平线下方，所以电视柜的高度最好离地面不超过 40cm。

## 二、常用布置方法

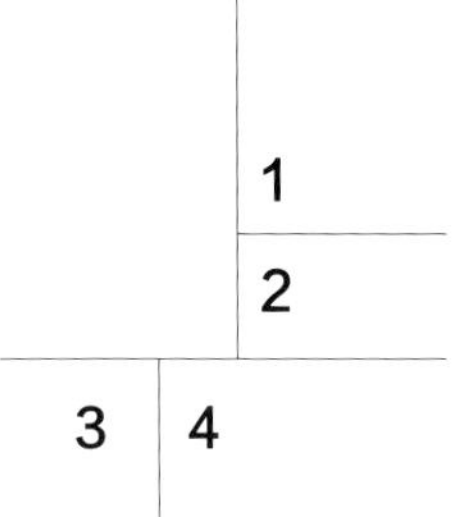


### 1. 陈列展示组合

抽屉或柜门与展示架组合的电视展示柜，可以避免视觉上的凌乱感。与电视柜连为一体的展示柜，可以让陈列品一目了然，同时也起到了主题墙的作用。

### 2. 电视柜与展示柜分离

电视柜与展示架分隔，一边是错落有致的展示架，一边安放电视，增添空间层次感，带来不一样的客厅感受。

### 3. 自由组合方式

可以根据空间的大小，随意选择不同的组合方式。比如选择一个高架柜配一个矮几，可以形成不对称的视觉效果；或选择一个矮几配几组高架柜组成一面背景墙，可以丰富空间的电视柜设计元素，打造出多层次的视听效果。

### 4. 客厅电视柜的尺寸要符合人体工程学

电视柜的高度应令使用者就座的视线正好落在电视屏幕中心。以坐在沙发上看电视为例——坐面高 40cm，坐面到眼的高度通常为 66cm，共计 106cm，这是视线高，也是用来测算电视柜的高度是否符合健康高度的标准。

# 常见电视柜种类一览表

| 类型 | 图片 | 特点 |
|---|---|---|
| 地柜式电视柜 | | 1. 造型多样，款式丰富<br>2. 装饰效果突出<br>3. 适合面积较小的居室 |
| 组合式电视柜 | | 1. 高低错落，层次丰富<br>2. 组合自由，造型变化<br>3. 增添收纳功能<br>4. 适合面积有限，想节约更多空间的家庭 |
| 板架式电视柜 | | 1. 板材架构设计，更实用耐用<br>2. 占地面积少<br>3. 可随意摆放板材位置<br>4. 适合简约自然风格的现代居室 |

## 电视柜上的装饰物不要摆太满

在现代家居生活中，电视柜更侧重于装饰功能，很多居住者喜欢在电视柜上摆放各种各样的装饰物。但即便如此，也要掌握一个度，摆放过满，容易令家居环境显得杂乱。电视柜上除了摆放必要的电子设备之外，只需点缀一两个或一组装饰物即可。

# 餐桌椅

## 一、常见搭配技巧

餐桌椅的选择除了考虑实用性外，还要和审美倾向及整个家居的风格统一起来，最好以暖色调为主，可以增进人的食欲。

### 1. 餐桌椅可以多用中性色

餐桌椅的色彩搭配要考虑到与其他家具之间的色彩协调性，不宜反差太大。在选择色彩时，可以多用中性色，如沙色、石色、浅黄色、灰色、棕色这些能给人宁静感觉的色彩。另外，若想起到刺激食欲、提高进餐者兴致的功能，色彩宜以明朗轻快的色调为主，最适合用的是橙色以及相同色相的姐妹色。

### 2. 根据餐厅面积搭配不同造型的餐桌

餐桌椅的挑选要符合家居的面积大小。圆形的餐桌比较灵活，适合面积较小的餐厅。而加长的餐桌适合面积较大的餐厅使用，显得大气。同时，在大空间中更要注意色彩和材质的呼应，否则容易显得松散。

### 3. 餐桌与灯具搭配协调更能表现风格

餐桌和灯具要考虑一定的协调性，风格不要差别过大。比如用了仿旧木桌呈现古朴的乡村风，就不要选择华丽的水晶灯搭配；用了现代感极强的玻璃餐桌，就不要选择中式风格的仿古灯。

## 二、常用布置方法

### 1. 独立式餐厅桌椅的布置要点

独立式餐厅中的餐桌椅的摆放与布置要与餐厅的空间相结合，还要为家庭成员的活动留出合理的空间。如方形和圆形餐厅，可选用圆形或方形餐桌，居中放置；狭长餐厅可在靠墙或窗一边摆放长餐桌，桌子另一侧摆上椅子，这样空间会显得大一些。

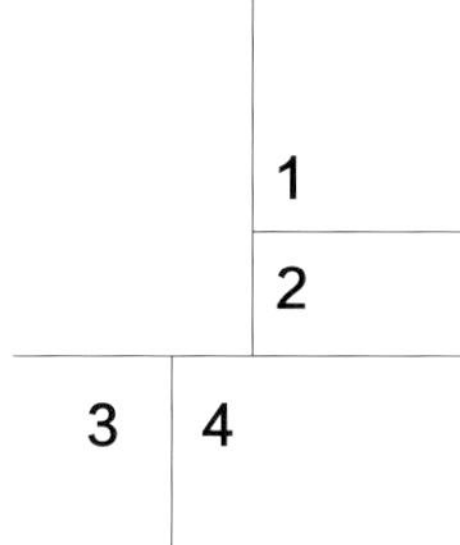


### 2. 开放式餐厅桌椅的布置要点

开放式餐厅大多与客厅相连，在家具选择上应主要体现实用功能，要做到数量少却功能完备。在桌椅布置方面可以根据空间来选择居中摆放或是靠墙摆放两种形式。

### 3. 餐桌椅的摆放应做到动线合理

餐桌椅摆放时应保证桌椅组合的周围留出超过 1m 的宽度，方便让人通过。另外，餐椅应该使用餐者坐得舒服、好移动，一般餐椅的高度约为 38cm，坐下来时要注意脚是否能平放在地上；餐桌最好高于椅子 30cm，用餐者才不会有太大的压迫感。

### 4. 餐桌椅与餐边柜保持距离

如果餐厅的面积够大，可以沿墙设置一个餐边柜，既可以帮助收纳，也方便用餐时餐盘的临时拿取。但餐边柜与餐桌椅之间要预留 80cm 以上的距离，这样不会影响餐厅功能，且令动线更合理。

# 常见餐桌椅种类一览表

| | | |
|---|---|---|
| 实木餐桌椅 |  | 1. 天然、环保<br>2. 结构简单，较为舒适<br>3. 结实耐用，需要保养<br>4. 适合简练大气、沉稳自然的居室风格 |
| 人造木餐桌椅 |  | 1. 颜色多样，款式新颖<br>2. 价格低廉<br>3. 质量较轻，移动方便<br>4. 适合打造各种风格 |
| 钢木餐桌椅 |  | 1. 样式大胆前卫<br>2. 采用创意工艺<br>3. 新型材料运用<br>4. 适合现代风格、工业风格的居室 |
| 大理石餐桌椅 |  | 1. 高雅美观，易于清理<br>2. 硬度高，使用寿命长<br>3. 面积较大，质量厚重<br>4. 适合空间面积较大的居室 |

**餐桌摆放的禁忌**

（1）通常客厅与餐厅都有个通道，餐桌不宜摆放在通道之上，以免影响行走。

（2）不能正对厕所。餐桌放在对面，不仅影响食欲，也妨碍健康。

（3）不能正对厨房。厨房经常冒出油烟，温度又较高，容易让人心烦、脾气暴躁等。

（4）不能正对大门。若餐桌与大门成一条直线，站在门外便可以窥视，毫无隐私。所以最好是把餐桌移开，但若确无可移之处，可以放置屏风或砌筑板墙作为遮挡。

# 餐边柜

## 一、常见搭配技巧

餐边柜非常实用，平时可以放置一些酒具、杯盘以及茶具等用具。同时，也兼具展示功能，像日常的一些酒瓶和酒具本身就像精致的艺术品。

### 1. 餐厅面积影响餐边柜尺寸

对于餐边柜的选择，我们首先要利用现有的空间。但如果餐厅面积不够，那么可以选体积较小、方便移动的餐边柜，实用又能不显拥挤；如果餐厅面积足够大，则可以选择体积较大的餐边柜，同时也可以做一些层板，不仅具有层次感而且方便拿取物品。

### 2. 敞开式厨房最好选择含抽屉的餐边柜

有些家庭是敞开式的厨房，可能会将部分橱柜的功能延伸到餐厅中来。因此餐边柜可以被用来充当备用餐台，像这样的情况下，餐边柜最好是选择含抽屉的款式，便于存放厨具。

### 3. 用来摆放艺术品的餐边柜造型宜简单

餐边柜通常被用来摆放餐具或者艺术品，这时候在款式的选择上最好是简单朴素一些，便于搭配艺术品。艺术品的宽度不宜长过餐边柜，以保证不失掉整体的平衡感。

### 4. 餐边柜与酒柜结合更实际

酒柜往往会采用几何图形的拼合，而餐边柜又要充当收纳柜，因此，两者结合就是时尚家庭的明智之举。高低柜的结合、吊柜与立柜的结合、玻璃与实木的结合都可以带来较强的视觉效果与较好的存放功能。

## 二、常用布置方法

### 1. 餐边柜布置在客餐厅中间作为隔断使用

如果不愿意在家中摆上过多的家具，又或者苦于户型和空间的局限而无法摆放餐边柜，那可以试试把餐边柜作为隔断使用。使用半开放式设计的餐边柜，既能划分区域又能作为储物使用。

### 2. 利用隐性空间布置餐边柜

如果餐厅的面积有限，没有多余空间摆放餐边柜，则可以考虑利用墙体来打造收纳柜，不仅充分利用了家中的隐性空间，还可以帮助完成锅碗盆盏等物品的收纳。但要注意制作墙体收纳柜时，一定要听从专业人士的建议，不要随意拆改承重墙。

### 3. 拼接格柜缓解空间压力

如果餐厅面积比较小，摆放过大的餐边柜会使餐厅看上去更加拥挤，变通方法就是在餐桌上方或侧边设置格柜。可以用长方形或正方形拼接出不同层次的格柜，不仅缓解空间压力，而且更方便摆放餐具杂物等。

1
2
3

# 常见餐边柜种类一览表

| 类型 | | 特点 |
|---|---|---|
| 矮柜式餐边柜 |  | 1. 降低视觉重心，有放大空间的效果<br>2. 小巧灵活，移动方便<br>3. 减少拥挤感<br>4. 适合装修风格简洁明快的居室 |
| 半高柜式餐边柜 |  | 1. 纵向设计简约明晰<br>2. 装饰功能较强<br>3. 占地面积少<br>4. 可作为酒柜和餐柜，适合人口较少的家庭 |
| 整墙式餐边柜 |  | 1. 造型大气稳重<br>2. 收纳空间增多<br>3. 局部空格设计，物品摆放方便<br>4. 适合空间面积较大，人口较多的家庭 |
| 嵌入式餐边柜 |  | 1. 节约占地面积<br>2. 组合形式丰富<br>3. 适合餐厅空间较小的家庭 |
| 集成式餐边柜 |  | 1. 功能丰富<br>2. 整体性强<br>3. 适合没有明确餐厅区域的户型 |

# 床

## 一、常见搭配技巧

床作为卧室中较大的家具之一，起到奠定卧室基调的作用。卧室床尽量选择比较沉稳的色调，最好不用过于鲜艳或者反差极大的颜色搭配。

### 1. 床头板要与卧室背景墙相呼应

床头板造型种类多样，美观中兼具安全性。但是床头板的选择，要考虑到居室的整体风格，与卧室背景墙相协调，不要出现中式风格的床头板搭配欧式风格的背景墙，令居室氛围不伦不类。

### 2. 床头板可根据实际需要做选择

对老人而言，最好选择内有填充物的床头板，可避免头部不小心撞到墙面而受伤。简约风格的卧室可以选择不带床头板的睡床，只需将枕头叠两层，就能创造出床的完整形象。

### 3. 根据空间风格选择床

卧室风格可以决定床的款式选择，比如欧式风格卧室可以选择带有雕花的四柱床；东南亚风格可以选择带有纱幔的天蓬床；简约风格或北欧风格则可以摆放造型简单的实木平板床。

## 二、常用布置方法

床的摆放可以根据卧室的格局决定。既可以选择最常见的摆在中间的形式，也可以突破传统，选择不一样的摆放方式，为卧室创造独特的氛围。

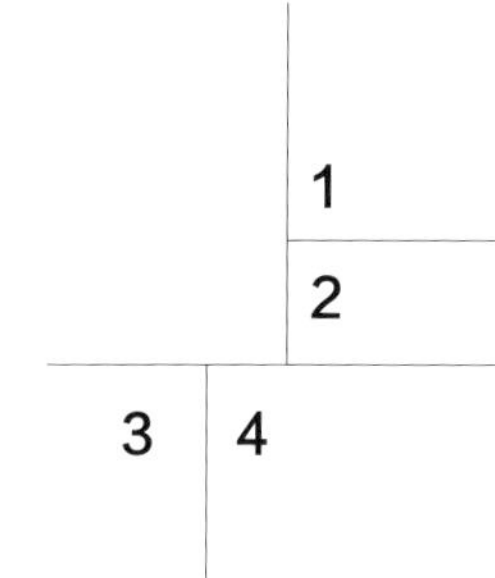


### 1. 靠墙摆放的床

如果卧室面积不大，实现不了床摆在居室中间，那么可以选择将床摆放在靠墙的一侧。但在摆放时尽量选择远离窗户的一侧墙，以免光线或噪声影响睡眠质量。

### 2. 两张并排摆放的床

两张并排摆放的床之间的距离最少为 60cm。两张床之间除了能放下一个床头柜以外，还得能让人自由走动。当然床的外侧也不例外，这样才能方便清洁地板和整理床上用品。

### 3. 柜子在与床相对的墙边

如果柜子被放在了与床相对的墙边，那么两件家具之间的距离最好为 90cm 以上。预留这个距离是为了能够方便地打开柜门拿取物品，并且不阻碍人的通行。

### 4. 柜子在床的侧边

若床一侧的墙面设有衣柜，那么床和衣柜之间要留有 90cm 以上的过道；床头旁边留出 50cm 的宽度，可以摆放床头边桌，可随手摆放手机等小物件。

# 常见床种类一览表

| 类型 | 图示 | 特点 |
| --- | --- | --- |
| 平板床 |  | 1. 造型简洁多变<br>2. 有利于脊椎健康<br>3. 适合简单利落风格的居室 |
| 平台床 |  | 1. 床台较低，方便上下<br>2. 造型简单<br>3. 没有床头、床板等装饰<br>4. 适合装修较简单的居室 |
| 四柱床 |  | 1. 造型古典<br>2. 样式美观大气<br>3. 体积较大<br>4. 适合层高较高、面积较大的居室 |
| 天蓬床 |  | 1. 装饰性较强<br>2. 提供更加安静的睡眠环境<br>3. 造型浪漫梦幻<br>4. 适合层高较高的居室 |
| 雪橇床 | 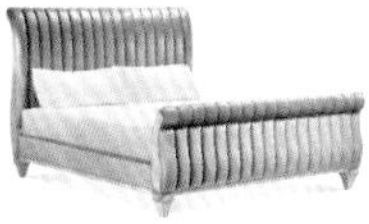 | 1. 造型独特，床头高、床尾低<br>2. 款式经典<br>3. 气质优雅柔和<br>4. 常在欧式风格卧室中出现 |
| 气垫床 |  | 1. 价格低廉<br>2. 方便收纳<br>3. 弹性好<br>4. 适合户外、外出旅行时使用 |

# 衣柜

## 一、常见搭配技巧

衣柜的搭配可以由整体室内风格而定，不仅显得整体协调美观，而且实用大方。比如简洁造型的衣柜多适用于简约风格或现代风格；做工复杂的衣柜则比较适合古典风格等。

### 1. 根据卧室环境的颜色来搭配

衣柜的颜色要依据卧室的颜色进行搭配。如果卧室墙面是白色的，可以选择和卧室地板相近色系的衣柜，或是选择和床相近色系的衣柜。

### 2. 根据卧室装修风格来搭配

款式一样的衣柜搭配不同的装修风格，就要使用不同的颜色。比如欧式风格装修比较富丽堂皇，可以选择淡色调的白色与深色调的苹果木的衣柜。

### 3. 可以根据卧室的朝向而定

假如卧室采光通风都很好，衣柜色调上则没有太多讲究；但若卧室采光和通风较差，最好选用浅色系的衣柜，如白色、米白色、浅粉色等。衣柜应尽量摆放在墙角阴暗处，以避免衣柜遮挡光线。

### 4. 根据家庭成员的年龄来配色

老人房衣柜在颜色选择上就不能太过艳丽，可以选择怀旧或是仿古的色彩；儿童房衣柜应该选择一些较为活泼、亮丽的色彩或带有卡通图案、字母数字图案的，会更显活力。

## 二、常用布置方法

衣柜可以根据空间大小选择不同的款式，例如面积较大的空间可以考虑三开门或四开门的款式；若面积较小，则可以将衣柜嵌入墙体，既增加了收纳空间，也避免了过多占用空间导致的压迫感。

### 1. 床头摆放衣柜

狭长的卧室中，如果一侧墙面有窗子或者门遮挡，不适宜摆放衣柜，那么可以在床头另一面墙定制组合衣柜。也可以增加床头板的厚度制造小平台，简约又方便。

### 2. 拐角设计衣柜

拐角衣柜适合开间或者大面积的卧室。如果房间空间足够且整体采光好，则可以选择顶天立地款式的衣柜。如果只有一面采光，那么最好在衣柜上部留出空间，这样自然光可以进入。

### 3. 走廊摆放衣柜

宽大的走廊，可以为衣柜所用。需要根据空间的大小来定做门以及内部框架，选择移动门可以减少开门带来的阻碍。内部结构划分成多个功能区，兼具叠放、挂放、展示等功能，以备不时之需。

# 常见衣柜种类一览表

| 类型 | 特点 |
| --- | --- |
| 推拉门衣柜 | 1. 轻巧方便、空间利用率高<br>2. 定制过程简便<br>3. 造型简单<br>4. 适合面积相对小但需要大量储物空间的家庭 |
| 平开门衣柜 | 1. 造型简洁多样<br>2. 价格相对便宜<br>3. 适合空间面积较大的居室 |
| 开放式衣柜 | 1. 款式时尚、前卫<br>2. 储存功能强大<br>3. 需要定期清理<br>4. 适合面积相对小的现代居室空间 |
| 整体衣柜 | 1. 大小样式可自由打造<br>2. 品质稳定，质量良好<br>3. 造型时尚，用材环保<br>4. 适合各种类型空间 |
| 框架结构衣柜 | 1. 可自由调节高低和随意改动层板<br>2. 衣物归类方便、灵活<br>3. 形式简洁，安装简单<br>4. 适合想要清爽开阔居室氛围的家庭 |
| 步入式衣柜 | 1. 大气优雅<br>2. 挑选方便且容易清理<br>3. 分类清晰，一目了然<br>4. 适合较大户型的居室空间 |

# 玄关柜

## 一、常见搭配技巧

日常生活出入玄关时需要脱衣换鞋，所更换衣物、鞋帽的储藏功能需要玄关柜等家具来满足。另外玄关柜的装饰造型也是整个居室形象风格的浓缩，是客人在进入这个家时产生的第一印象。

### 1. 玄关柜与客餐厅家具保持一致性

要拥有自己的风格，同时还要兼顾换鞋更衣、分隔空间等实用功能，看似简单，设计起来却是很不容易。因此最好的方法是玄关柜的样式和饰品与客厅及餐厅这些公共空间保持一致。

### 2. 玄关柜款式应根据室内面积选择

如果入门处的走道狭窄，嵌入式的玄关柜是最佳选择，此处的玄关家具应少而精，避免拥挤和凌乱。另外，圆润的曲线造型会给空间带来流畅感，也不会因为尖角和硬边框给主人的出入造成不便。

### 3. 过渡区域用玄关柜打造

小户型面积有限，无法设置独立的玄关空间，那么不妨选择小巧的玄关家具，方便主人存放外出衣物或经常取用的零碎物品。另外，很多居室的入门处是一个走廊或通道，这里可以摆放玄关柜，创造方便实用的空间。

## 二、常用布置方法

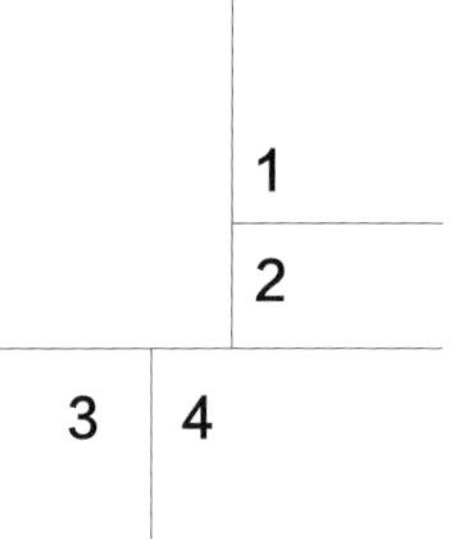


玄关家具不需要过多，除了储物的实用功能，可以将尽头的墙面加以处理：一幅写意的装饰画或一款雅致清新的墙面造型，都可以增加居室韵味。

### 1. 门厅型玄关

门厅型的玄关以中大户型较多，一个自成一体的门厅区域显得大气庄重，因此不宜放置很大的鞋柜。这个时候选一款精致的玄关桌或收纳型矮柜，也可以很好地兼顾美观展示和实用的需求。

### 2. 影壁型的玄关

影壁型的玄关是指开门之后面对的是墙面，内室需向左或右侧走。可以利用贴墙的优势，做一个到顶式的玄关柜，从而最大限度地增加储物空间，整体也比较协调。

### 3. 走廊型的玄关

居室门与室内直接相通，中间经过一段距离，因为纵深的空间感，可以利用两侧的空间，打造嵌入式玄关收纳柜来容纳鞋子和各种杂物。

### 4. 没有固定的玄关

很多户型是没有多余的空间再做一个玄关，但作为室内与室外的一个过渡连接，大多数中国人的居住观念是室内空间不能一览无余，这时可以采用半隔断式玄关柜，放在入户门与客厅中间，既实用又美观。

# 常见玄关柜种类一览表

| | | |
|---|---|---|
| 矮柜式玄关柜 |  | 1. 造型性强，极具装饰性<br>2. 占地面积少<br>3. 搭配软装饰品，亮眼清爽<br>4. 适合追求居室简洁便利的人群 |
| 半隔断式玄关柜 |  | 1. 分隔区域，通风透光<br>2. 美观与实用结合<br>3. 增强室内私密性<br>4. 适合需要限定空间区域的居室 |
| 到顶式玄关柜 | 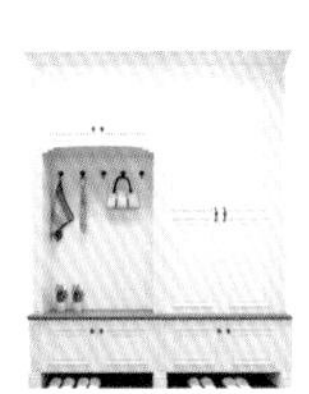 | 1. 储物空间多<br>2. 嵌合换鞋座椅，整体感强<br>3. 可量身定制大小<br>4. 适合户型较小但需要大量收纳空间的居室 |

## 设计玄关柜的技巧

**（1）根据鞋子尺寸确定玄关柜深度**

按照正常的尺寸，一般鞋柜深度在 350~400mm。大鞋子也要放得进去，而且恰好能将鞋柜门关上，不会突出层板，显得过于突兀。

**（2）根据所放物品确定玄关柜深度**

如果想在鞋柜里摆放鞋盒，那么鞋柜深度就需要在 380~400mm。如果还想摆放其他的一些物品，如吸尘器、手提包等，深度则必须在 400mm 以上。

**（3）设置活动层板增加实用性**

鞋柜层板间高度通常在 150mm 左右，但为了满足男女鞋高低的落差，在设计时将层板设计为活动层板，从而可以自由调整间距。

# 书柜

## 一、常见搭配技巧

根据书房风格来选择适合的书柜，如现代风格的居室最好使用线条简练的板式书柜；也要根据户型格局的大小，选择合适的书柜。

### 1. 量身定做书柜更实用

如果喜爱藏书，但居室面积又有限，那么整体书柜会是不错的选择。另外，也可考虑将进门走廊的一侧或两侧设计成开放式的书架，这样可让人一进门就感受到儒雅谦逊的气氛。

### 2. 开放式书柜适合在家办公的人群

实用性是在家办公人士首要考虑的问题，因为常用的专业书籍比较多，合理的结构可便于在最短的时间内找到想要的书籍。因此，连体的书桌柜也不失为一种好的选择，既节省空间，又便于取放书籍。

### 3. 书柜款式可根据居室选择

居室风格比较简单利落的话，应尽量避免使用高大沉重的书柜，可以选择低矮或者吊柜式的书柜。居室空间现代感浓郁的话，可以选择独特个性造型的书柜，以呼应居室整体风格。

## 二、常用布置方法

居室格局大同小异，书柜的布置除了满足基本的书籍摆放外，也要兼顾雅观。这样才能合理利用好每一寸空间，打造实用又美观的居室空间。

### 1. 一字形

将书柜布满整个墙面，书柜中部可以留有较大的展示区域，可以令人不产生压迫感；书柜上方最好用深度较小的书架，方便拿取书物。这种布置适合于藏书较多，开间较窄的书房。

### 2.U 形

U 形适用于家里书籍较多，书房较大的家庭。它的组合方式主要有两种：可以两面放置书柜，靠近窗户的位置摆放书桌；也可以三面都设置书柜，书桌独立摆放，这种摆放方式能够最大限度地利用边角空间。

### 3.L 形

书桌靠窗放置，而书柜放在边侧墙处，取阅方便，同时书桌靠近窗户，光线好。这种布置方式可以节省空间，中部留有很大的空间可以作为休闲活动区域。

1
2
3

# 常见书柜种类一览表

| 类型 | 特点 |
| --- | --- |
| 开放式书柜 | 1. 放取物品方便<br>2. 造型设计灵活<br>3. 价格相对略低<br>4. 适合在家办公、学习的人群使用 |
| 密闭式书柜 | 1. 用材考究，造型典雅<br>2. 价格也略高<br>3. 防尘性好<br>4. 适合喜爱收藏珍贵书籍和藏品的人群 |
| 半开放式书柜 | 1. 通透灵便，方便查找<br>2. 密闭区域保护性好<br>3. 实用又美观<br>4. 适合面积较大的现代居室空间 |
| 组合式书柜 | 1. 拆装、组叠方便<br>2. 随意转换摆放造型<br>3. 收纳物品一目了然<br>4. 适合填补犄角空间 |
| 整体式书柜 | 1. 功能性强大<br>2. 节省空间，整体统一协调<br>3. 收取物品方便<br>4. 适合空间面积较小，想节约空间的人群 |

# 第二章

## 软装饰品的分类及空间搭配

现今的家居装修中软装饰的设计不容忽视，一幅画、一个摆件无不体现居者的品位及个性，如何在家居空间里合理利用软装饰来为你的生活空间增光添彩就成了重要的环节。本章我们将学习 8 种主要软装饰品的空间常见搭配，以及了解软装饰品的不同分类和特征。

学习要点

1. 常见窗帘、床上用品、地毯的分类及空间搭配。
2. 常见灯具的分类及空间搭配。
3. 常见装饰画、工艺品、装饰花艺、绿植盆栽的分类及空间搭配。

# 窗帘

## 一、常见搭配技巧

窗帘是居室软装不可或缺的装饰品，它不仅能保持居室的私密性，调节光线和室内温度，而且还有装点空间风格的功能。

### 1. 配合居室整体搭配风格

窗帘的搭配需要根据家居的实景布局来选择，比如欧式古典风的居室可以选择有浓重色彩的罗马帘；素净色彩的棉麻窗帘则最适合简约风格或现代风格。

### 2. 色彩应与环境相协调

窗帘颜色的选择，可以以地板颜色为依据，形成整体感；但如果居室家具过于相似，那么窗帘的选择可以多样化，以免造成居室氛围沉闷。

### 3. 根据空间大小选择窗帘

居室空间的大小也影响着窗帘的选择。若空间面积较小，那么轻薄低调的窗帘会是不错的选择，它可以减少空间拥挤感，延伸视觉空间大小；若空间面积很大，则可以选择厚重繁复的窗帘。

### 4. 根据窗户形状选择窗帘

窗帘的图案在一定程度上可以调节窗户的视觉效果。比如比较短小的窗户最好使用竖形图案，可以在视觉上起到拉伸作用。

### 5. 根据居住人群选择窗帘

儿童房窗帘可以卡通一点，选择动物、人物等图案，充满童趣；新婚夫妇房则可以选择精巧别致的窗帘，充满了浪漫甜蜜。

# 常见窗帘种类一览表

| 种类 | 图示 | 特点 |
| --- | --- | --- |
| 卷帘 | | 1. 造型简单大方<br>2. 直观效果好<br>3. 适用于小窗户<br>4. 适合现代风格、简约风格等 |
| 罗马帘 | | 1. 造型宏大华美<br>2. 装饰效果好<br>3. 适用于较大窗户<br>4. 适合欧式古典风格、新欧式风格等 |
| 百叶帘 | | 1. 造型硬朗个性<br>2. 透气耐用且方便清洗<br>3. 适合工业风格、后现代风格等 |
| 垂直帘 | | 1. 花色多样，移动自由<br>2. 遮光、隔声效果好<br>3. 适合北欧风格、田园风格等 |
| 木织帘 | | 1. 造型质朴自然<br>2. 不透光但透气性较好<br>3. 适合东南亚风格、中式古典风格等 |

# 床上用品

## 一、常见搭配技巧

床品作为卧室最重要的部分之一，其颜色、材质的选择最好与卧室风格相匹配，这样不仅能起到装饰作用，而且不会破坏整体美感。

### 1. 配色不宜过于强烈

卧室作为提供休憩的场所，色调上应该尽量宁静、柔和。所以床品色彩的选择尤为重要，减少使用对比强烈的色彩，多使用蓝色调、粉色调或米色调等。

### 2. 依据居室环境选择适宜图案

床是卧室的中心，所以床品风格影响着卧室整体。床品的图案最好与卧室其他布艺织物相呼应，营造和谐感。温馨小图案的床品，可以使空间感变大；高贵大气的大图案，视觉上更为突出。

### 3. 根据人群变化搭配方式

不同人群对于床品的需求也不同，所以在选择床品时，优先考虑床品功能性。比如老人房和儿童房多选择透气柔软、种类多样的纯棉床品；新婚夫妇房则可以选择光滑细密的丝绸床品，更增添浪漫气息。

# 常见床上用品种类一览表

| | | |
|---|---|---|
| 纯棉类 |  | 1. 手感好，使用感舒适<br>2. 花型品种多<br>3. 耐用防静电<br>4. 适合现代风格、简约风格、北欧风格等卧室 |
| 真丝类 |  | 1. 吸湿性、透气性好<br>2. 触感柔滑，不刺激皮肤<br>3. 颜色鲜亮，有光泽感<br>4. 适合中式古典风格、欧式古典风格等卧室 |
| 麻类 |  | 1. 含有特殊化学物质，有效减少细菌增生<br>2. 降低肌肉紧张感<br>3. 着色性能好，有生动的纹路<br>4. 适合田园风格、地中海风格等卧室 |
| 磨毛类 |  | 1. 绒毛短而密，绒面平整<br>2. 手感柔软，保暖性能好<br>3. 不易起球、褪色<br>4. 适合新欧式风格、现代风格等卧室 |
| 竹纤维类 |  | 1. 凉爽透气，凉而不冰<br>2. 有韧性，不易变形<br>3. 材质天然环保<br>4. 适合东南亚风格等卧室 |

# 地毯

## 一、常见搭配技巧

地毯是现代家居装饰必不可少的元素之一。它不仅可以分隔空间，而且能丰富空间的层次，带来不一样的视觉感受。

### 1. 根据不同空间选择

不同的空间里，地毯的功能也不尽相同。例如，玄关处的地毯被踩踏频率较高，最好选择高密度、抗污性强的地毯；客厅地毯观赏性高，应该配合家具的大小尺寸和色彩图案来选择。

### 2. 根据空间色彩选择

一般来说，地毯色彩的选择最好以空间主色为基准，这样搭配比较保险，不会出错；但如果想要凸显个性或者居室风格比较前卫，那么也可以选择对比色或中性色。

### 3. 根据采光条件选择

如果居室采光条件较好，那么深色偏冷调的色彩不仅可以中和强烈的光线，而且能增加温和感；但如果居室的采光面积较小，则最好选择橙色、棕色等偏暖色调的地毯，在视觉上会显得更加的明亮，空间感也会变得更大。

# 常见地毯种类一览表

| 种类 | 特点 |
|---|---|
| 羊毛地毯 | 1. 柔软舒适，厚实保暖<br>2. 不带静电，具有天然的阻燃性<br>3. 价格偏高，需要定期打理保养<br>4. 花纹多样，图案对称<br>5. 适合追求精致、典雅氛围的居室使用 |
| 化纤地毯 | 1. 耐磨性高，耐破损性能较高<br>2. 不易脱毛，铺设简单<br>3. 价格便宜，清洗方便<br>4. 颜色种类多，图案多样<br>5. 适合走廊、楼梯、客厅等走动频繁的区域使用 |
| 混纺地毯 | 1. 保温、耐磨，抗虫蛀性能好<br>2. 防静电效果好<br>3. 价格适中，容易打理<br>4. 整体构图完整，线条圆润<br>5. 适合儿童房、老人房使用 |
| 橡胶地毯 | 1. 色彩鲜艳，柔软耐用<br>2. 防滑耐潮<br>3. 价格低廉，可直接刷洗<br>4. 可根据居室空间任意拼接<br>5. 适合浴室、厨房等容易产生污垢的空间使用 |
| 麻质地毯 | 1. 质感粗犷，色彩自然<br>2. 阻力大，防滑效果好<br>3. 适合乡村风格、东南亚风格、地中海风格等 |
| 牛皮地毯 | 1. 脚感柔和，防潮保暖<br>2. 装饰效果突出，适合表现奢华感<br>3. 价格偏高，需要保养<br>4. 花色不规则，造型个性<br>5. 适合现代风格、工业风格等 |

# 灯具

## 一、常见搭配技巧

灯具不仅满足日常照明需求，同时也起到了装饰作用和烘托气氛的作用。所以灯具的搭配也是软装设计中重要的环节。

### 1. 根据空间面积选择

灯具样式多样，在选择时应该首要考虑空间格局。如果居室面积过小，那么垂挂高度过高的吊灯就不太适合，这样可以尽量选择简洁的吸顶灯或台灯，灯具数量上也不宜过多。

### 2. 色调与整体协调一致

灯光的色调尽量与家装相协调，这样才能使居室更美观。比如室内墙纸的色彩是浅色系的，就应以暖色调的白炽灯为光源，这样就可营造出明亮柔和的光环境。

### 3. 灯具风格应统一

在比较大的居室里，灯具的数量往往不止一个，那么就应该考虑统一灯具风格，避免造型冲突引发不和谐的感觉。

# 常见灯具种类一览表

| 类型 | 图示 | 特点 |
| --- | --- | --- |
| 吊灯 | | 1. 安装高度不小于 2.2m<br>2. 材质多样，款式众多<br>3. 装饰性与实用性共存<br>4. 双头吊灯多用于玄关、餐厅；单头吊灯多用于客厅、卧室 |
| 吸顶灯 | | 1. 造型大方，透光性较好<br>2. 价格实惠，节能环保<br>3. 适合层高较低的空间使用 |
| 壁灯 | | 1. 辅助照明装饰<br>2. 改善、营造居室氛围<br>3. 调节空间光线<br>4. 适合放置于走廊、过道等区域使用 |
| 落地灯 | | 1. 移动便利<br>2. 擅于营造角落氛围<br>3. 造型简约<br>4. 常用在矮小家具旁或角落区域<br>5. 适合追求独立空间角落或创造特定氛围的居室 |
| 台灯 | | 1. 光线集中，便于工作和学习<br>2. 阅读台灯外形简洁轻便<br>3. 装饰台灯外观豪华，装饰功能强<br>4. 不同材质可搭配多种居室风格使用 |
| 筒灯、射灯 | | 1. 突出居室空间重点<br>2. 层次丰富，气氛浓郁<br>3. 既能整体照明，又能局部照明<br>4. 筒灯一般使用于过道、卧室及客厅周围<br>5. 射灯常见于背景墙、酒柜、鞋柜等 |

# 装饰画

## 一、常见搭配技巧

装饰画是软装设计中常见的配饰，既能美化环境，又可以给居室增添艺术气息。配合装修风格选择漂亮的装饰画，也是个人情趣的体现。

### 1. 根据整体色调选择装饰画

装饰画的选择主要受居室主体色调影响。如果居室家具主体色调偏暖，那么装饰画最好选择冷色系，反之亦然；但如果是以白色为主的空间，那么装饰画的选择则没有太多忌讳。

### 2. 形状要与空间相呼应

当空间比较局促的时候，面积小的装饰画不会有喧宾夺主之感；但空间面积足够大的时候，就可以挂置面幅较大的装饰画。

### 3. 根据装饰风格选画

西方古典油画一般多出现在欧式风格居室中；中式风格适合带有中国风的装饰画，如水墨画、工笔画；抽象画则适合现代风格、简约风格或后现代风格等。

# 常见装饰画种类一览表

| | | |
|---|---|---|
| 金箔画 |  | 1. 图样精美，调色适合<br>2. 工艺独特，观赏性强<br>3. 有一定收藏价值<br>4. 适用于面积较大的空间<br>5. 多适合稳重古典的居室 |
| 油画 |  | 1. 具有极强的表现力<br>2. 色彩变化丰富，立体质感强<br>3. 独特的材料之美<br>4. 整体与局部的和谐统一的对立关系<br>5. 多适合欧式风格、巴洛克风格等 |
| 木制画 |  | 1. 材料天然环保<br>2. 颜色质朴，层次丰富<br>3. 适合东南亚风格、地中海风格、田园风格等 |
| 动感画 |  | 1. 图案优美，色彩清亮<br>2. 采用新技术，产生极佳的视觉效果<br>3. 适合现代风格家居使用 |
| 烙画 |  | 1. 既有传统绘画的民族风格，又有西洋画的写实效果<br>2. 表现形式多样，尺寸跨度大<br>3. 题材内容在传统花色基础上不断创新<br>4. 美观大方，不易褪色<br>5. 适合中式古典风格、新中式风格等 |

# 工艺品

## 一、常见搭配技巧

工艺品虽然体积小，但却是软装设计中必不可少的一份子。居室有了工艺品的点缀，才能呈现更完美的效果。

### 1. 根据环境摆放工艺品

工艺品在不同空间环境选择也大不相同。卧室中的工艺品尽量柔软安全，避免误伤；书房的工艺品应以能营造文化氛围为主；卫浴间的工艺品既要美观也要实用耐潮。

### 2. 工艺品摆放注意尺度和比例

工艺品的摆放可以参照家具的大小、风格来决定，不能喧宾夺主，也不可画蛇添足。比如色彩鲜艳的工艺品宜放在深色家具上；电视柜上不能摆放过多工艺品，避免造成杂乱感。

### 3. 利用灯光烘托

如果想使心仪的工艺品能脱颖而出，那么利用灯光照明会是不错的选择。随着投射的颜色、方向的不同，呈现的展示效果也不同。比如玻璃、水晶制品选用冷色灯光，则更能体现晶莹剔透，纯净无瑕。

# 常见工艺品种类一览表

| | | |
|---|---|---|
| 木质摆件 |  | 1. 材质原始，色泽自然<br>2. 天然纹理图案，古朴有质感<br>3. 需要定期保养<br>4. 适合风格沉稳、有自然韵味的居室摆放 |
| 陶瓷摆件 |  | 1. 制作精美，色彩圆润<br>2. 质感光滑细腻<br>3. 寓意美好<br>4. 观赏性好，有一定艺术收藏价值<br>5. 多适合中式古典风格、新中式风格等 |
| 金属摆件 |  | 1. 结构坚固、造型百变<br>2. 线条流畅不易变形<br>3. 多适合工业风格、欧式风格等 |
| 玻璃摆件 |  | 1. 晶莹透明，玲珑剔透<br>2. 色彩艳丽，造型多姿<br>3. 反射光线后更华丽夺目<br>4. 适合简洁明快的现代居室摆放 |
| 树脂摆件 |  | 1. 可塑性高，造型逼真<br>2. 价格实惠<br>3. 几乎适用于任何软装风格的居室 |

# 装饰花艺

## 一、常见搭配技巧

装饰花艺给现代居室带来了如大自然般的清爽宁静，营造着居室氛围，带来生命力，也体现了居住者的审美情趣和艺术品位。

### 1. 空间格局与花艺选择

花艺摆放在不同地方产生的效果也不大相同。例如在卫浴间摆放花艺，能放松身心，舒缓疲劳感；而在玄关处摆放花艺，则让人眼前一亮，心情舒畅。

### 2. 注意感官效果影响

在花艺的选择上也要考虑到人的感官需求。比如卧室、书房不宜摆放香味浓烈、颜色艳丽的装饰花艺；而淡雅的花艺可以摆放在餐桌上进行装饰，能使人心情愉悦。

### 3. 根据空间风格选择花艺

居室风格偏西方，那么强调色彩装饰效果的花艺最适合；如果居室偏东方风格，那么淡雅有意境感的花艺更加合适。

# 常见装饰花艺种类一览表

| 中国插花 |  | 1. 形式上高低错落，疏密聚散<br>2. 色彩淡雅明秀<br>3. 崇尚自然，线条优美 |
| --- | --- | --- |
| 西方插花 |  | 1. 花材种类多、用量大<br>2. 色彩艳丽浓厚<br>3. 形式上注重几何造型<br>4. 造型上追求繁盛的视觉效果 |
| 日本插花 |  | 1. 花材用量少，用材简单<br>2. 强调花与叶的自然生态美<br>3. 注重内涵与意境的表达 |

## 根据季节配置插花的方法

（1）春天里百花盛开，此时插花宜选择色彩鲜艳的材料，给人以轻松活泼、生机盎然的感受。

（2）夏天天气炎热，可以选用一些冷色调的花，给人以清凉舒适之感。

（3）秋天满目红彤彤的果实，遍野金灿灿的稻谷，此时插花可选用红、黄等明艳的花做主景。

（4）冬天的来临，伴随着寒风与冰霜，这时插花应以暖色调为主，给人以迎风破雪的勃勃生机之感。

# 绿植盆栽

## 一、常见搭配技巧

在家居空间中摆放绿植不仅可以起到美化空间的作用，还能为家居环境带入新鲜的空气，塑造出一个绿色有氧空间。

### 1. 空间格局与绿植盆栽的选择

空间格局比较小的居室，尽量避免选择高大的绿植盆栽，应选择体积适中的，既减少空间拥挤感又能点缀居室。反之亦然。

### 2. 空间色彩与绿植盆栽的选择

绿植的叶色选择应与墙壁及家具色彩相和谐，如绿色或茶色家具不要配深绿色植物，否则容易造成空间沉闷。所以在选择上可以有个深浅的变化，增添层次感。

### 3. 空间功能与绿植盆栽的选择

绿植盆栽的摆放也要考虑场所环境的要求，例如大型落地盆栽最适合摆放在客厅中；宁静简单的盆栽则与卧室气氛最相配；矮小常青的盆栽摆放在书房能表现氛围。

# 常见绿植盆栽种类一览表

|  |  |
| --- | --- |
| 大型盆栽类 | 1. 高度 75~90cm<br>2. 体积较大，摆放位置较固定<br>3. 样式稳重、气派<br>4. 适合空间面积较大的居室 |
| 中型盆栽类 | 1. 高度 30~75cm<br>2. 体积适中，摆放自由<br>3. 品种样式众多，造型变化多<br>4. 适合摆放于任何区域 |
| 小型盆栽类 | 1. 高度小于 30cm<br>2. 体积较小，管理、观赏方便<br>3. 成形容易 |

**绿植盆栽摆放注意事项**

（1）摆放数量不宜过多，以免显得居室杂乱。

（2）盆栽选择要注意大中小搭配，达到错落有致的层次效果。

（3）摆放时尽量选择墙角，以不妨碍人走动为宜。

（4）光线充足的地方不要摆放过于高大、枝叶密集的盆栽，以免影响居室采光。

# 第三章

## 周边因素与软装的关系

软装常因周边因素而呈现不一样的效果，所以它不单单体现的是配饰本身的价值，还强调整体的搭配。本章我们需要学习 3 类周边因素对软装的影响，了解周边因素在软装上是如何表现。通过总结对比，深刻了解周边因素对软装风格的影响。

学习要点

1. 色彩对家居软装的设计影响。
2. 天然材质和人工材质对软装的影响。
3. 冷、暖材质，以及中性材质在软装上的表现。
4. 软装图案变化对居室氛围的影响。

# 色彩对家居软装的设计影响

## 一、色彩属性影响软装配色效果

色相、纯度及明度为色彩的三种属性。进行软装配色时，遵循色彩的基本原理，使配色效果符合规律才能够打动人心，而调整色彩的任何一种属性，整体配色效果都会发生改变。

### 1. 色相

色相指色彩所呈现出的相貌，是一种色彩区别于其他色彩最准确的标准。软装设计与色相密不可分，往往选择合适的色相进行搭配组合，也是居室软装重要的一部分。

↑淡紫色沙发、黄色地毯、蓝色窗帘和黑色灯具等软装色相搭配形成居室风格

### 2. 明度

明度指色彩的明亮程度，明度越高的色彩越明亮，反之则越暗淡。相同的居室空间，软装明度差异越大，越充满明快、时尚的感觉；相反，软装明度差异越小，越有沉稳、优雅的氛围。

### 3. 纯度

纯度指色彩的鲜艳程度，也叫饱和度、彩度或鲜度。通常，高纯度的软装色彩会有强烈的空间视觉效果；而低纯度的软装色彩带有平和朴素的效果。

↑软装纯度高，给人鲜艳的感觉

## 二、色彩搭配类型影响软装配色印象

软装搭配效果很大程度上取决于色彩效果。而同一颜色在不同的组合形式下，呈现的居室风格也是大相径庭的。

### 1. 同相型

指同一色相不同纯度、明度色彩之间的搭配。在空间配置中，同相型软装搭配会使空间有统一和谐的感觉。但相对来说，也容易因为过分统一而显得单调。

↑软装色彩为同相型配色，绿色的深浅变化尽显和谐之美

### 2. 类似型

指色相环互相接近的颜色之间的搭配。近似色的软装搭配可以减少空间的单调感，更具有层次的变化。

### 3. 三角型

指在 12 色相环中能够连线成为正三角形的三种色相进行组合。例如使用红色座椅搭配绿色抱枕和蓝色工艺品摆件，可以强化视觉效果，凸显空间特色。

↑软装色彩为类似型配色，蓝色为主、绿色和紫色为辅，更具层次变化

### 4. 四角型

指两组互补色交叉组合所得到的配色类型。在居室中，要利用搭配技巧来处理不同面积的装饰组合，达到多样化的效果。

↑软装色彩为三角型配色，蓝色、黄色和绿色的搭配赋予空间层次变化

↑软装色彩为四角型配色，黄与蓝、红与绿的双重互补色组合

### 5. 对决型

指色相环上位于 180 度相对位置上互为互补色的两种颜色进行搭配。如红色和绿色的搭配，能够营造出健康、活跃、华丽的居室氛围。

### 6. 准对决型

指接近对决型的配色。比如红色地毯和蓝色沙发搭配，视觉效果较强，能让居室个性更明朗醒目。

### 7. 全相型

指使用五种以上的色相进行搭配的方式。在软装中，使用全相型的装饰，充满活力和激情，最能够活跃空间的氛围，因此呈现出自然、华丽的感觉。

↑软装色彩为对决型配色，黄色与绿色的对比制造强烈视觉冲击

↑软装色彩为准对决型配色，橙色与蓝色的对比活跃空间氛围

↑软装色彩为全相型配色，红色、黄色、蓝色、绿色和紫色的搭配充满时尚感

## 三、色彩四角色在家居软装中的表现

在家居软装配色中，色彩有四种不同的角色，即背景色、主角色、配角色和点缀色。

### 1. 背景色

背景色是决定空间整体感觉的重要角色，如家居中的家具、窗帘、地毯等大面积的软装色彩。因此，在进行家居软装设计时，先确定背景色可以使整体设计更明确一些。

### 2. 主角色

主角色是空间软装的主要部分，其色彩可引导整个空间的走向。例如，客厅中的主角色是沙发，而卧室中的主角色就是床。所以在决定居室整体氛围后，主角色可以选择相适应的色彩。

### 3. 配角色

配角色的存在是为了更好地映衬主角色，通常可以让空间显得更为生动。配角色通常是体积较小的家具，如椅子、床头柜等，合理的配角色能使空间充满活力。

### 4. 点缀色

点缀色通常被用来打破配色的单调。通常选择小的装饰物件，如靠枕、摆件、灯具等，色彩上与空间主角色具有对比感，来制造生动的视觉效果。

## 四、软装色彩对情感表达的影响

不同的软装搭配不同的色彩就会呈现不一样的效果。同样的家居软装使用不同的色彩，给人带来的情绪和感受也是相反的。

### 1. 红色

红色象征活力、健康、热情、朝气。但是大面积使用纯正的红色容易使人产生急躁、不安的情绪。因此建议选择红色在单个软装配饰或小体积家具上使用。

### 2. 黄色

黄色给人轻快、温暖和活力的感觉，使空间具有明亮、开放感。需要注意的是，居室空间若过于大面积地使用黄色，容易有苦闷、压抑的感觉。

### 3. 蓝色

纯净的蓝色表现出一种冷静、理智、清爽与广阔，适合在卧室、书房、工作间和压力大的人的房间中小面积使用。

### 4. 绿色

绿色象征着平静与和谐，它是生命力的代表，能够使人感到轻松健康。绿色在夏季用在布艺软装中可以带来凉爽、自然的气息；在冬天与紫色或黑色小面积地搭配，则显得居室高贵华丽。

↑红色软装饰醒目热烈

↑黄色沙发给人温暖悠闲的感觉

↑蓝色给卧室带来清新感，解除身心疲劳

↑局部绿色点缀，给人清爽的感觉

## 5. 紫色

紫色具有高贵、神秘感，具有浪漫气息，可用来装饰单身女性的空间。紫色搭配一般稳重精干，但不适宜儿童房、餐厅等需要明快气氛的空间，会容易造成压抑感。

↑紫色床品浪漫而又有情调

## 6. 橙色

橙色是红色和黄色的复合色，是暖色系中最温暖的颜色。它能够激发人们的活力、喜悦和创造性，适用于餐厅、厨房、娱乐室，用在采光差的空间能够弥补光照的不足。

↑橙色沙发营造欢快的气氛

## 7. 黑白灰

黑色与白色搭配，使用比例要注意。过多的黑色会带来深沉、冷酷感；过多的白色会有宁静简洁的氛围。如果以灰色作为过渡，可以使空间变得鲜明和典雅。

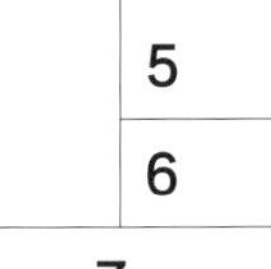

↑黑白灰色的运用给人以现代感

# 不同材质对软装的影响

## 一、天然材质和人工材质在家居软装中的表现

### 1. 天然材料

指自然界原来就有未经合成或基本不加工就可直接使用的材料，如藤、麻、木材等。其色彩细腻、单一物体的色彩变化丰富；多数具有朴素、雅致的格调，但缺乏艳丽感。

### 2. 人工材质

指需要经过人为加工或合成后才能使用的材料，如玻璃、塑料、金属等。其单一物体上的色彩比较平均，色彩的可选范围广泛，无论素雅还是艳丽，均能够得到满足。

# 二、天然材质和人工材质对软装的影响

## 1. 影响居室整体风格

软装的材质在一定程度上决定了居室风格的走向。比如人工材质适合现代风格、工业风格，可以很好地烘托出时尚感、现代感；而天然材质则适合体现自然感的风格，如田园风格、东南亚风格、日式风格等。

↑现代风格、工业风格软装搭配多使用人工材质

↑日式风格、田园风格居室摆放较多天然材质软装

## 2. 体现季节特征

软装材质还可以体现一定的季节性。例如，大理石家具给居室带来冰爽冷静的夏天氛围；暖色的丝棉布艺则给人温暖、舒适的冬天感。

↑春季可以选择绿植花卉，增加居室生机感

↑秋季可以选择纯度较高的自然材质软装，丰富空间效果

↑夏季可以使用人工材质家具，营造清爽感

↑冬季可以多摆放布艺织物，增添温暖感

## 三、冷、暖材质，以及中性材质在软装上的表现

通常，材质还可分为冷材质、暖材质和中性材质。相同的色彩运用到不同质感的材质上，会呈现出差异，一定程度上也会影响居室的风格。

### 1. 冷材质的表现

常见的软装材质如玻璃、不锈钢、塑料、各类金属等都是冷材质。一般冷材质制品表面光泽度高，色泽单一，锻造比较困难，所以造型方面往往很简约，因此很适合现代风格的居室搭配中。

### 2. 暖材质的表现

织物、皮草、地毯等具有保温效果，使人感觉温暖的被称为暖材质。暖材质制品通常会给人以舒适、柔软之感，因此适当运用可使空间增添温馨的感觉。

### 3. 中性材质的表现

居室中常见的木材、藤、麻草等介于冷暖之间，属于中性材质。一方面可以给人带来稳重敦实的安全感；另一方面也可以营造明朗、清新的居室氛围。

1

2

3

# 软装图案变化对居室氛围的影响

## 一、图案在家居软装中的体现

在家居软装中，图案是不可以缺少的一部分。各式造型的图案不仅表现着居室风格特征，同时也侧面表达着居住者的性格品位。

### 1. 布艺图案

布艺是展现图案最主要的形式之一。在确定居室整体风格之后，选择各式不同图案的布艺，一方面可以柔化家具带来的生硬感，另一方面也能从细节加强居室风格。因为布艺在室内空间设计上所占面积较大，所以图案风格直接影响到室内总体风格。

### 2. 装饰画图案

装饰画作为墙面装饰的重要元素，也由于处于居室中比较显眼的位置，所以其图案内容往往对于居室风格具有画龙点睛的作用。

### 3. 壁纸图案

壁纸作为室内空间中大面积使用的装饰，其图案的选择同样决定了居室风格的走向。比如碎花图案的壁纸带来清新自然的田园风格；规律的几何图案则充满简洁利落的现代主义风格。

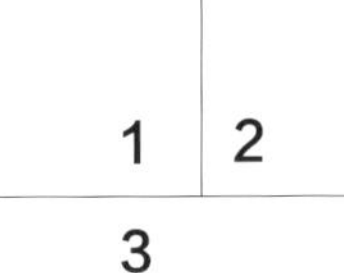

## 二、软装图案变化对居室氛围的影响

图案的变化方式多样。色彩、质感基本相同的软装，可以通过不同的图案使其有不一样的变化；色彩、质感差异较大的软装，可以借助相近的图案使其协调一致。

### 1. 表达不同的风格

图案可以表现不同的风格特征，正确运用可以让软装更富有风格特色。比如，带有中国传统文化的图案最能体现中式古典风格的典雅风情；简约抽象的图案能衬托出简洁利落的现代感空间；复杂精致的图案适合奢华大气的欧式古典风格。

### 2. 改变空间效果

图案可以使空间充满动静感。交错纵横的直线形成的几何图案，视觉上缩小了居室空间，使空间具有稳定感；而波浪线、曲线等图案，带有强烈的方向感，则使空间富有运动感。

### 3. 表现特定环境氛围

运用不同的装饰图案语言可以强化、渲染不同的空间氛围。例如在平面墙上使用立体的图案，可以打造空间层次；使用抽象图案或民族图案，则可使空间个性感十足。

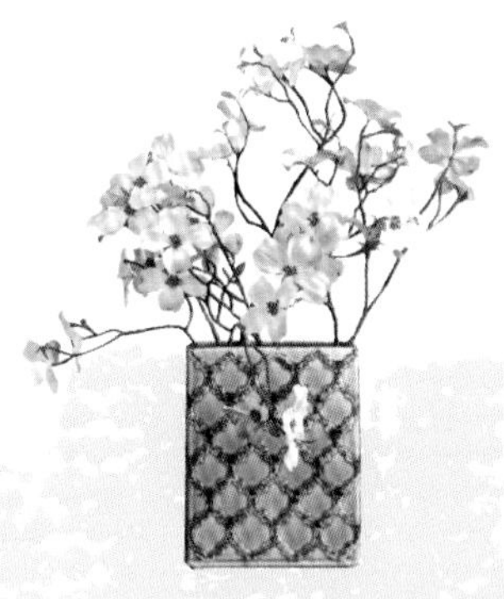

# 第四章

## 常见居住人群的软装搭配

室内软装饰体现了一个人的性格特点，只要有人类活动的室内空间都需要软装陈设。因此，不同阶段的人群需要不同的软装搭配。本章我们将来学习不同人群的软装搭配技巧，通过结合居住者的性别和年龄特征，从整体上综合策划方案，能够使家居空间更贴近户主的需求。

1. 单身男性的常见软装元素及应用技巧。
2. 单身女性的常见软装元素及应用技巧。
3. 老人房的常见软装元素及应用技巧。
4. 男孩房的常见软装元素及应用技巧。
5. 女孩房的常见软装元素及应用技巧。
6. 不同风格之间软装选用的差异化特征。

# 单身男性软装搭配

## 一、软装设计元素

优质男人除了对事业的专注，其居室品位也是生活品质的表现。除了软装配饰有着浓浓的阳刚之气外，还可以选择散发着自然风情的软装家具与强大的收纳空间设计，刚柔并济的个性生活空间，令男性更具魅力。

### 1. 简单有质感的收纳功能家具最常见

单身男性的家具通常可以选用粗犷的木质家具，同时收纳功能要方便、直接。这样不仅能帮助单身男性更好地收纳整理，而且也能从简单中体现业主个性。

### 2. 布艺色彩偏冷调，材质暖质

单身男性软装中布艺的色彩以冷色系以及黑、灰等无色系为主，这种色彩能够表现出男性的力量感；材质上，条纹图案的地毯也让空间显得更有立体感。

### 3. 新型材质彰显风格

材质硬朗、造型个性的酷雅软装饰品能彰显男性的魅力，同时体现理性主义的个性。以水晶台、金属装饰品、抽象画为主。

### 4. 常见几何图案和简练直线条

单身男性家居软装的形状图案以几何造型、简练的直线条为主。几何形状的躺椅搭配纯色直线条图案地毯，鲜明活泼，使居室充满男性活力感。

# 软装元素一览表

家具

皮质高背椅

创意家具

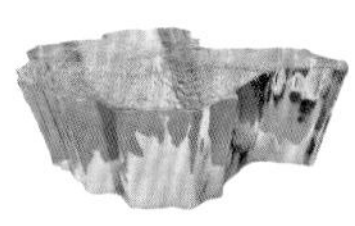

金属茶几

灯具

极简吸顶灯

金属落地灯

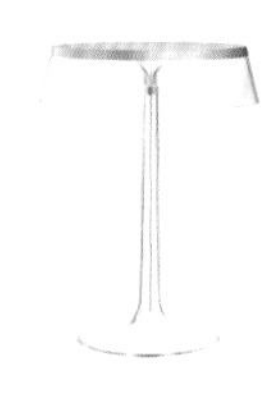

玻璃台灯

布艺

方格床品

条纹地毯

亚麻抱枕

装饰品

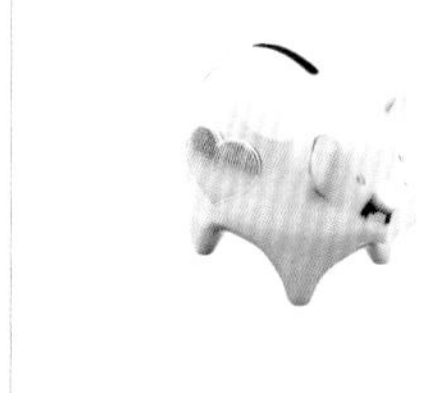

金属摆件

皮纹相框

抽象装饰画

金属摆件

条纹地毯

抽象装饰画

亚麻抱枕

金属茶几

金属落地灯

创意矮凳

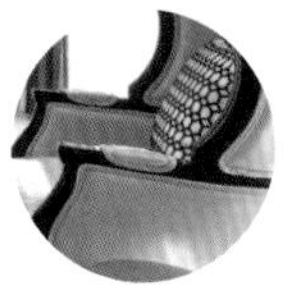
皮质高背椅

# 单身女性软装搭配

## 一、软装设计元素

单身女性的家居总给人一种宁静柔和的感觉。轻快简单的家具，细致的装饰，加上丰富色彩的布艺搭配，让居室充满了女性魅力与精致。除了明显女性化的搭配外，还可以选择新型材质的软装搭配，也能表现女性的活泼与伶俐。

### 1. 简洁明快的家具最为常见

单身女性家居多以简洁轻快的家具为主，可随意变换形态的软体家具以及可折叠并容易移动的家具也很受欢迎。另外，手绘家具、碎花布艺家具等有女性色彩的家具更能表现女性特有的柔美。

### 2. 布艺色彩偏暖，材质暖质

单身女性家居布艺色彩通常是温暖的、柔和的，配色以弱对比且过渡平稳的色调为宜，以高明度或高纯度的红色、粉色、黄色、橙色等暖色为主；材质也多以棉麻为主。

### 3. 花草与蕾丝最能体现特征

装饰多见花卉绿植、花器；而带有蕾丝和流苏边的装饰清新可爱；另外晶莹剔透的水晶饰品等也能表现女性的精致。

### 4. 常见花草图案和圆润线条

单身女性家居软装形状图案以花草图案为最常见。另外花边、曲线、弧线等圆润的线条也能表现女性的甜美。

# 软装元素一览表

低矮家具

布艺沙发

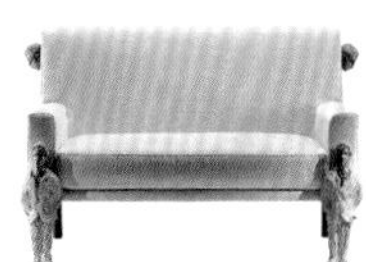
造型家具

灯具

花朵吊灯

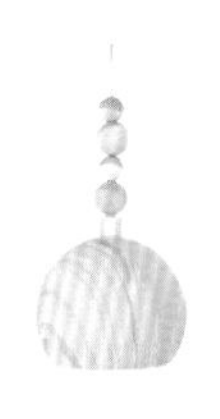
圆球吊灯

水晶吸顶灯

布艺

蕾丝床品

色彩丰富的地毯

花卉抱枕

插花

动物造型摆件

陶瓷摆件

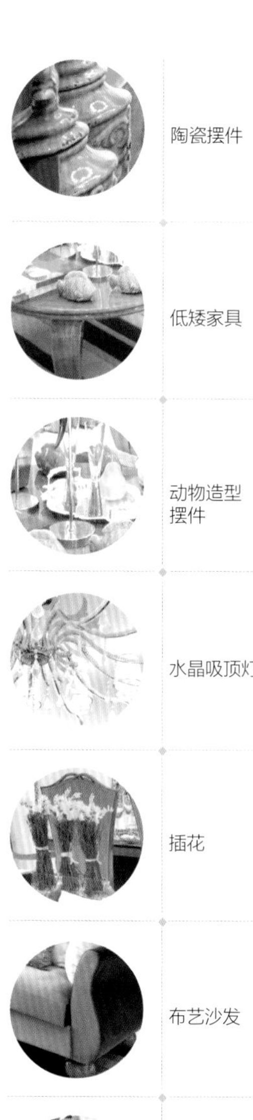
陶瓷摆件
低矮家具
动物造型摆件
水晶吸顶灯
插花
布艺沙发
造型边几 
色彩丰富的地毯

# 单身男性和单身女性居室软装搭配的异同

单身男性和单身女性在居室的软装搭配中，基本都有其独特的风格特征；而由于两性的差异，在搭配选择上侧重也不同，以此来凸显两种搭配的各自特性。

## 两种搭配元素上的异同对比

### 1. 色彩

**相同处** 皆适用于无彩色系

**不同处**

①无彩色的运用比例不同：

| 单身男性 | 往往以黑色和白色占据空间配色的较大比例。 |
|---|---|
| 单身女性 | 常以白色为主，黑色或灰色占据空间配色比例很小。 |

②点缀色的选择不同：

| 单身男性 | 点缀色几乎没有限制，但在比例上占空间配色的 20% ~30%。 |
|---|---|
| 单身女性 | 常见的点缀色有黄色、蓝色、绿色等，色调上常见纯色调、明色调和微浊色调。 |

### 2. 材质

**相同处** 新型材料的运用

**不同处**

| 单身男性 | 会大量使用诸如不锈钢、玻璃等冷质新型材料。 |
|---|---|
| 单身女性 | 也会运用新型材料，但比例缩小，一般只会用在个别家具装饰和造型墙面的设计上。 |

## 3. 图案

**相同处** 简洁利落的线条，几何图形

**不同处** 单身男性居室多使用流畅的直线条；单身女性居室会出现圆润的弧线条。图案上，几何图形均适用于两种居室搭配，但单身女性居室还会出现大量花卉植物图案。

### 单身男性

### 单身女性

# 老人房软装搭配

## 一、软装设计元素

经历岁月沧桑的老人，多喜回忆过往，因此多选择具有安稳感氛围的空间，隔音性良好和具有温暖触感的材质。但为了安全起见，老人房中应避免过多采用玻璃等硬朗、脆弱的材质。

### 1. 低矮沉稳家具最适合

老人一般不喜欢过于艳丽、跳跃的色调和过于个性的家具。一般样式低矮、方便取放物品的家具和古朴、厚重的中式家具是首选。

### 2. 布艺色彩需暖调，材质暖质

老人房宜用温暖的色彩，整体色调表现出宁静祥和的意境，如咖啡色、红棕色、灰蓝色等浊色调；材质多使用纯棉等有触感的，增添居室温馨感。

### 3. 传统物件最能体现特征

带有旺盛生命力的绿植盆栽与沉稳气氛融合一致；传统茶案、花鸟鱼虫的挂画、青花瓷器等均可令老人房更具风味。

### 4. 常见直线条和花鸟图案

老人房中使用简洁利落的直线条，从而显得居室宽敞明亮，不过于烦琐多余；花叶虫鸟的生动图案，使老人房更有不一样的韵味。

# 软装元素一览表

## 家具

低矮家具

布艺家具

古典中式家具

## 灯具

简约吸顶灯

陶瓷台灯

复古吊灯

## 布艺

纯色编织地毯

纯棉床品

棉麻抱枕

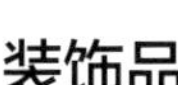

## 装饰品

盆景

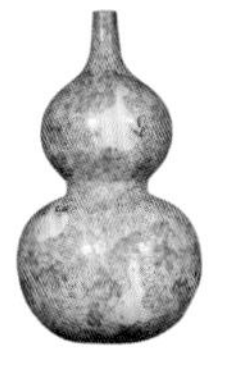
瓷器

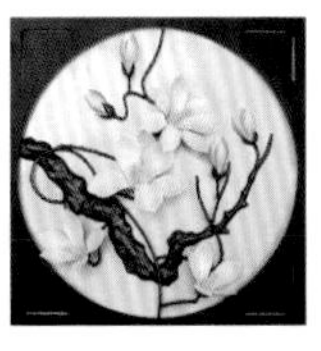
墙饰

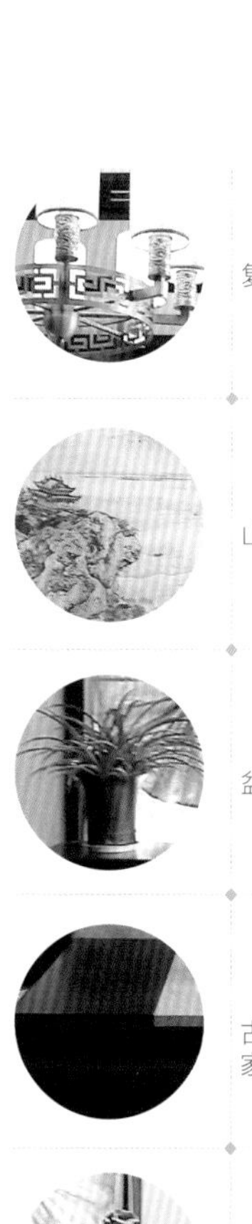

复古吊灯

山水画墙饰

盆景

古典中式家具

瓷器

棉麻抱枕

实木家具

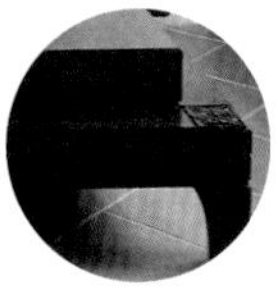

低矮家具

# 男孩房软装搭配

## 一、软装设计元素

男孩房的软装元素尽量选择以积极向上、热情活泼为主的元素，也可以选择孩子喜爱的体育运动元素或感兴趣的卡通形象等。

### 1. 选择个性、安全的环保家具

男孩房的家具可以选择带有创意的攀爬类家具，可以满足男孩的游戏要求，但是在挑选时，应该注意选择质量稳固、环保自然的安全家具。

### 2. 布艺偏冷色调，材质中性

男孩房多使用蓝色、绿色等为配色中心，搭配时尽量避免温柔的色彩；材质上，男孩房基本以实木或麻藤等中性材料为主，但也会出现如不锈钢矮凳等冷质材料。

### 3. 炫酷玩具最能体现特征

男孩子们活泼好动的天性，使他们对新鲜的事物充满了好奇，所以对于玩具的要求也是倾向于汽车、足球、变形金刚等炫酷的玩具。这类玩具可以很好地锻炼男孩的小肌肉群及机体协调能力。

### 4. 常见动画人物形象和几何图案

男孩房的形状图案以卡通、涂鸦等男孩儿感兴趣的图案或是几何图形等线条平直的图案为主。男孩房应注重其性别上的心理特征，如英雄情结，房间里可以多出现超人、蝙蝠侠等正面英雄人物的形象。

# 软装元素一览表

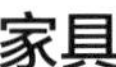

## 家具

低矮家具

实木家具

皮箱床头柜

## 灯具

玻璃台灯

卡通造型吊灯

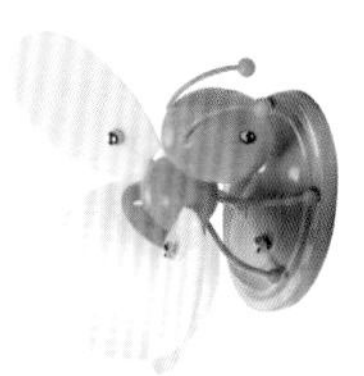
蜜蜂壁灯

## 布艺

游戏地毯

条纹床品

汽车图案抱枕

## 装饰品

金属模型

卡通汽车装饰画

恐龙摆件

卡通汽车装饰画

玻璃台灯

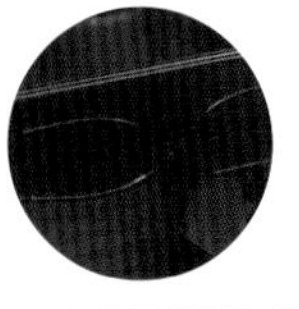
实木家具

汽车图案抱枕

皮箱床头柜

金属模型

低矮家具

条纹床品

OPEL KADETT
HERCULES
HOCKENHEIM

# 女孩房软装搭配

## 一、软装设计元素

女孩房的软装布置要有温暖活泼、俏皮可爱的氛围，既要满足孩子内心安全感的需求，也要呈现女孩心中的梦幻世界。

### 1. 低矮的梦幻家具最为合适

女孩给人天真、浪漫、纯洁有活力的感觉。因此小型的组合家具，公主床或者带有纱幔等具有童话色彩的家具非常适合女孩房。

### 2. 布艺暖调，材质暖质

以明色调以及接近纯色调的色彩能够表现出纯洁、天真的感觉；色相的选择上，通常以黄色、粉色、红色、绿色和紫色等为主色来表现浪漫感，其中，粉色和红色是最具代表性的色彩，这些色彩搭配白色或少量冷色能够塑造出梦幻感。

### 3. 柔软玩具最能体现特征

女孩房的家居装饰品以洋娃娃、花仙子、美少女等布绒玩具，以及带有蕾丝花边的饰品为主。

### 4. 常见卡通形象和圆润线条

女孩房整体以温馨、甜美为设计理念，因此形状图案以小精灵、麋鹿等具有梦幻色彩的图案和彩虹条纹、波点等活泼纯真的图案为主；图案上多以柔和圆润的曲线条为主，可以表现女孩温柔可爱的天性。

# 软装元素一览表

## 家具

卡通造型家具

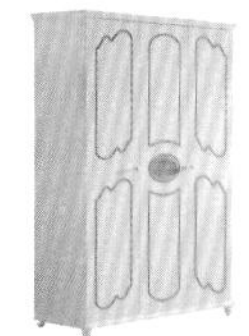
板式家具

实木家具

## 灯具

布面台灯

卡通造型吊灯

水晶吊灯

## 布艺

花边床品

圆枕

毛绒玩具

## 装饰品

装饰花卉

卡通装饰画

水晶相框

水晶吊灯
布面台灯
毛绒玩具
实木家具
花边床品
装饰花卉
板式家具

# 男孩房和女孩房居室软装搭配的异同

男孩房和女孩房的软装设计主要目标是给孩子们营造一个温暖、舒适的独立空间，但由于男孩与女孩天性的不同，软装搭配上也根据孩子的脾性有所侧重。

## 两种搭配元素上的异同对比

### 1. 色彩

**相同处** 皆适用于暖色

**不同处**

①暖色的运用比例不同：

| | |
|---|---|
| 男孩房 | 暖色调占据空间的比例较小，常见黄色、红色。 |
| 女孩房 | 往往以粉色、米白色占据空间配色的较大比例。 |

②点缀色的选择不同：

| | |
|---|---|
| 男孩房 | 点缀色几乎没有限制，但在比例上占空间配色的 10% ~20%。 |
| 女孩房 | 常见的点缀色有淡绿色、淡蓝色等，色调上常见微浊色调。 |

### 2. 材质

**相同处** 冷材质的运用

**不同处**

| | |
|---|---|
| 男孩房 | 会出现如铁艺、不锈钢等冷质新型材料。 |
| 女孩房 | 很少使用冷材质，基本出现在工艺装饰品或灯具上。 |

## 3. 图案

**相同处** 卡通形象，自然景物

**不同处** 男孩房多用横平竖直的线条搭配；女孩房会出现曲线线条。图案上，卡通形象和自然景物均适用于两种房间搭配，但男孩房会出现数字图案和几何图案。

### 男孩房

出现冷质新型材料

平直的线条

红色点缀色，占空间配色的 10% ~20%

蓝色为主

## 女孩房

少量冷质材料

出现圆润线条

淡蓝色点缀

米白色配色为主

# 第五章

## 不同家居风格的软装搭配

现代家居风格的种类多样，在软装的材料、色彩、形态等方面，需求也大相径庭。因此，选择合适的软装，成为塑造风格家居的关键因素。本章我们将利用 3 天的时间，来学习 13 种家居风格的软装应用，以及了解相近风格之间的异同，通过对比学习，更加深入地认识家居风格，最终达到轻松设计家居风格的目的。

学习要点

1. 现代风格的常见软装元素及应用技巧。
2. 简约风格的常见软装元素及应用技巧。
3. 工业风格的常见软装元素及应用技巧。
4. 北欧风格的常见软装元素及应用技巧。
5. 四种风格之间软装选用的差异化特征。

# 现代风格

## 一、软装设计元素

现代风格提倡突破传统，创造革新；造型简洁，反对多余装饰，崇尚合理的构成工艺；尊重材料的特性，讲究材料自身的质地和色彩的配置效果。

### 1. 灵活运用配色

现代风格配色可以选择将色彩简化到最少，如黑色、白色；如果觉得过于冷调而稍显冷漠，可以用红色靠枕或绿色地毯等做跳色。此外，也可使用强烈的对比色彩，像是白色配上红色或深色木皮搭配浅色木皮，都能凸显空间的个性。

### 2. 新型材料的使用

现代风格在选材上不再局限于天然材料，不锈钢、铝塑板或合金材料也经常作为室内装饰及家具设计的主要材料，从而满足现代风格追求创造革新的需求。

### 3. 直线条和几何构造

现代风格中横平竖直的家具能最直接表现简洁灵活的感觉；带有几何构图的装饰画或者造型独特的几何造型茶几，都能增加造型感。

## 二、常用软装元素

### 1. 板式家具最能表现风格特征

现代风格追求造型简洁的特性，使板式家具成为此风格的最佳搭配。板式家具简洁明快、布置灵活，强调功能性设计、线条简约流畅，可以完美呈现风格特征。

### 2. 纯色或几何图案的布艺

纯色布艺既能搭配整体空间的简约感，也能弱化新型材料家具带来的冷漠感；拥有几何图案的布艺，可以充分彰显居住者特立独行的性格。

### 3. 金属、玻璃类工艺品点缀突出

现代风格家居的家具一般总体颜色比较浅，所以工艺品应承担点缀作用。工艺品的线条较简单，设计独特，可以选用特色一点的物件，或造型简单别致的瓷器和金属或玻璃工艺品。

### 4. 简练线条体现风格特色

横平竖直的线条，注重家具本身的形式美；简洁的直线，凸显了现代风格的简单大方的特征，表现了现代的功能美。

# 常见软装元素一览表

## 家具

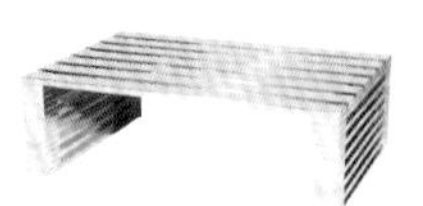
造型家具

线条简练的板式家具

金属边几

实木座椅

简洁明快的置物柜

布艺沙发

大理石台面

复合材料躺椅

玻璃家具

## 布艺

纯棉床品

纯色地毯

素色窗帘

## 灯具

不锈钢落地灯

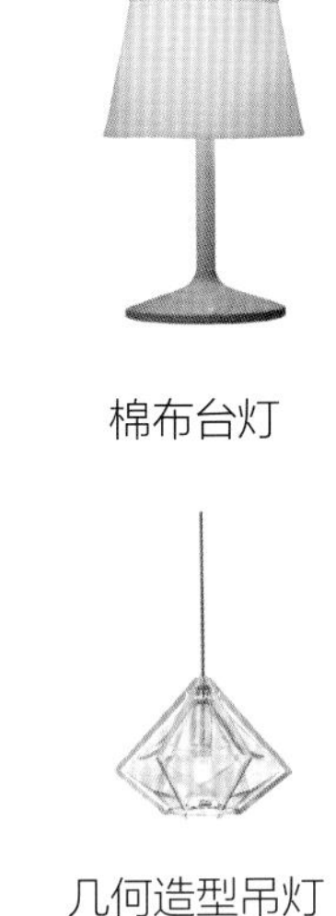

棉布台灯

鱼线吊灯

不规则吊灯

几何造型吊灯

明装射灯

## 装饰品

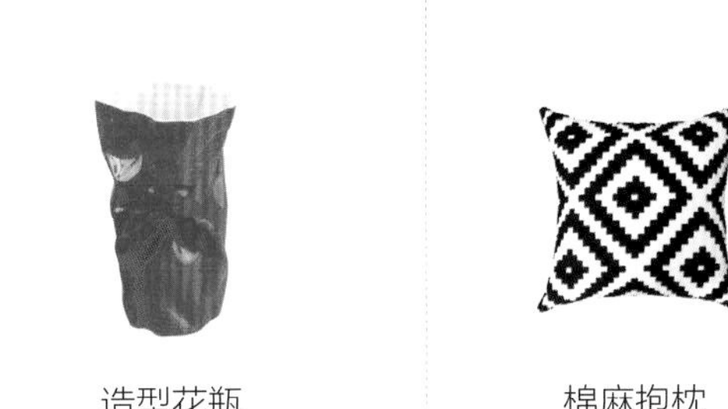

造型花瓶

棉麻抱枕

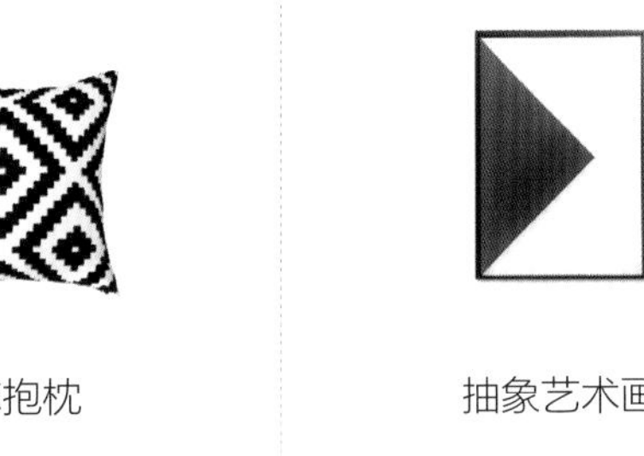

抽象艺术画

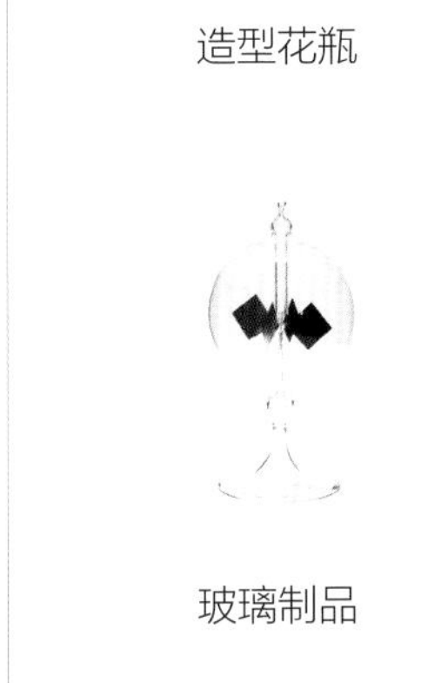

玻璃制品

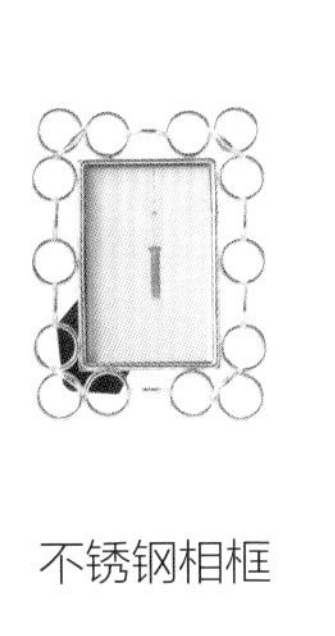

不锈钢相框

陶瓷工艺品

不锈钢吊灯

简洁明快的置物柜

陶瓷工艺品

布艺沙发

大理石台面

金属边几

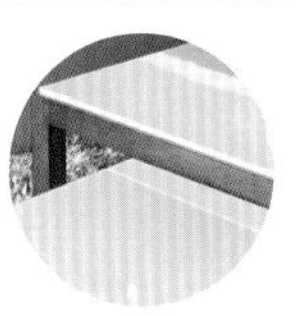
造型茶几

纯色地毯

CENTURY
CENTURY
CENTURY
CENTURY

# 简约风格

## 一、软装设计元素

简约主义风格其实是早期的西方现代主义，它主要是在建筑上提倡简约，把空间元素、色彩等装饰材料缩减到最小。用含蓄的设计方式进而达到以少胜多、以简胜繁的效果。

### 1. 简约不简单

现代简约风格结合软装搭配、家具设计、空间布局等多个方面，在体现生活品位的同时还注重健康时尚、注重合理节约科学消费；以简洁的视觉效果营造出时尚前卫的感觉。

### 2. 对立又和谐

对比是简约装修中惯用的设计方式。它把两种不同的事物、形体等做对照，如方与圆、新与旧、大与小等，使其矛盾又统一，在强烈反差中获得鲜明对比，求得互补和满足的效果。

### 3. 色彩对比强烈

用高饱和度的色彩来装点空间，突出流行趋势。同时，选择浅色系如白色、灰色、蓝色、棕色等自然色彩，结合自然主义的主题，显示出简洁的美感。

## 二、常用软装元素

### 1. 多功能家具美观又实用

多功能家具是一种在具备传统家具初始功能的基础上，实现更多新设功能的家具类产品，是对家具的再设计。例如，选择可以用作床的沙发、具有收纳功能的茶几和岛台等，这样既有摆放功能，又有储物功能。

### 2. 布艺色彩不脱离整体

简约风格的居室色彩设计宜凸显出舒适感和惬意感。这里的舒适指的是视觉上的统一，没有突兀的、不融合的部分。

### 3. 灯具选择简约为主

灯具的造型可以创意独特，但不要过于复杂。金属、玻璃等材质简洁明快、新潮，装饰效果也很不错。不同居室灯光效果应为照明灯光、背景灯光和艺术灯光的有机组合。

### 4. 简单线条，设计独特的装饰最适合风格

简约风格的装饰线条有的柔美雅致，有的遒劲而富于节奏感，整个立体形式都与有条不紊的、有节奏的曲线融为一体。

# 常见软装元素一览表

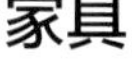

家具

低矮家具

直线条家具

多功能组合茶几

带有收纳功能的圆凳

MIU 椅

曲线潘顿椅

钢化玻璃家具

原木餐桌

简洁造型沙发

布艺

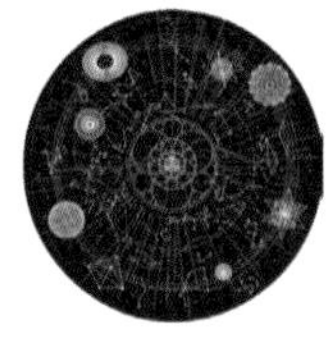

细线条地毯

素净大方的靠枕

纯色简洁窗帘

## 灯具

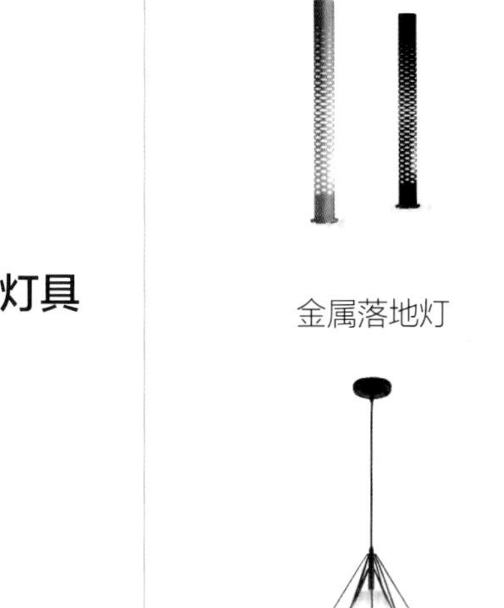

金属落地灯　创意造型灯具　伸缩吊灯

铁艺镂空吊灯　极简造型灯具　不对称玻璃台灯

## 装饰品

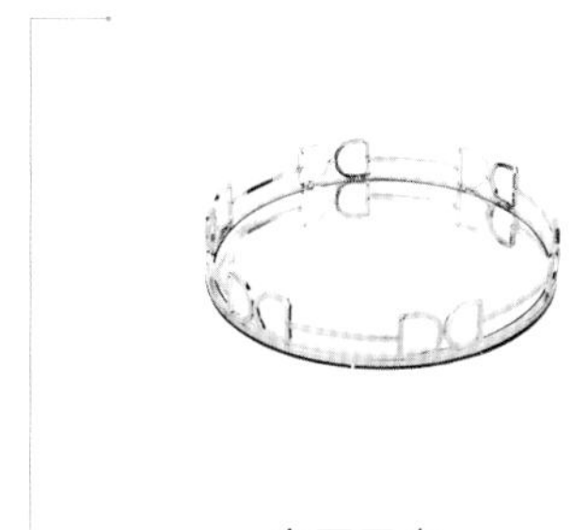
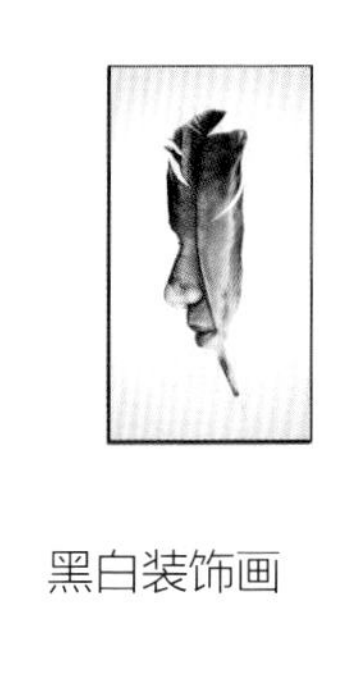

金属果盘　黑白装饰画　抽象摆件

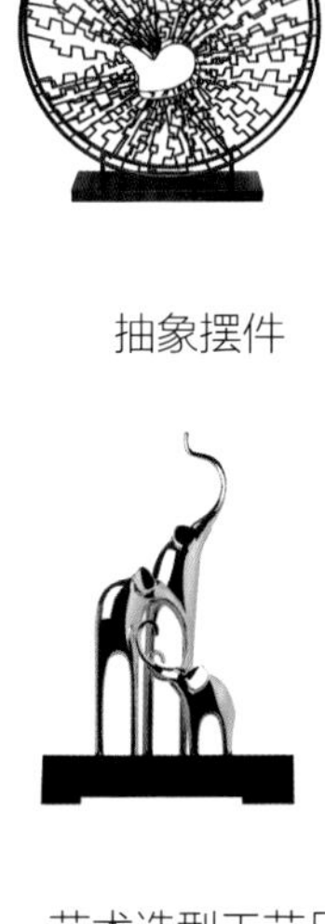

造型装饰　玻璃瓶植物　艺术造型工艺品

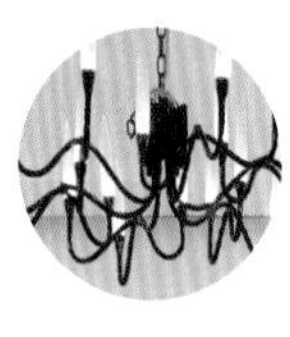
铁艺吊灯

黑白装饰画

低矮家具

素净大方的靠枕

金属果盘

直线条电视柜

多功能茶几

简单造型沙发

KEEP CALM
KEEP CALM
ROME

# 工业风格

## 一、软装设计要点

百年前的工业革命创造了人类前所未有的文明，许多当时兴建的工业厂房，现今已经成为工业遗址，而这种怀旧风潮已经越来越多的沿用到室内装修中，反映出人们对无拘无束的向往和对品质的追求。

### 1. 配色体现工业感和冷硬感

工业风格的背景色常为黑白灰色系，以及红色砖墙的色彩。在软装配色中，一般也沿用了这种冷静的色彩。由于工业风格给人的印象是冷峻、硬朗的，因此家居设计中一般不会选择蓝色、绿色等色彩感过于强烈的纯色。

### 2. 大量工业材料的运用

工业风格在设计中会出现大量的工业材料，硬装中常见裸露的水泥墙、水泥地、红砖墙；软装中做旧质感的木材、皮质元素、金属构件等是最能体现风格魅力的元素。

### 3. 常见几何图案和怪诞型图案

在图案的运用上，和现代风格相似，几何图形、不规则图案的出现频率较高；另外，怪诞、夸张的图形也常常出现在工业风格的家居中。

## 二、常用软装元素

### 1. 金属制家具最有代表性

塑造工业风格，金属制家具最有代表性，造型简约的金属框架家具可以为空间带来冷静的感受。但是，由于金属过于冷调，可以将金属家具与做旧的木质或皮质家具做混搭，既能保留家中温度，又不失粗犷感。

### 2. 布艺色彩需冷调、材质可暖质

工业风格家居中，布艺的色彩需同样遵循冷调感。材质方面，仿动物皮毛的地毯十分常见，而斑马纹、豹纹则是常见的图案类型。另外，具有工业风特征的场景图案和报纸元素也可以运用在家居的布艺中。

### 3. 灯具选择同样工业化

由于工业风多数空间色调偏暗，为了起到缓和作用，可以局部采用点光源的照明形式，如复古的工矿灯、筒灯等。另外，金属骨架及双关节灯具，是最容易创造工业风格的物件，而裸露灯泡也是必备品。

### 4. 水管和旧物最易体现风格特征

工业风不刻意隐藏各种水电管线，而是透过位置的安排以及颜色的配合，将它化为室内的视觉元素之一。这种颠覆传统的装潢方式往往也是最吸引人之处。

# 常见软装元素一览表

## 家具

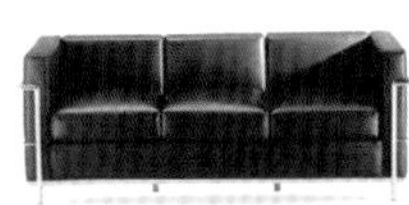
皮质沙发

铁艺扶手椅

实木做旧茶几

皮箱茶几

tolix 金属椅

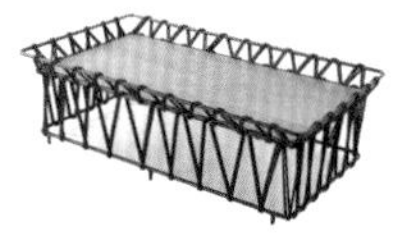
绳编边几

水管收纳架

铆钉矮柜

铝制天鹅椅

## 布艺

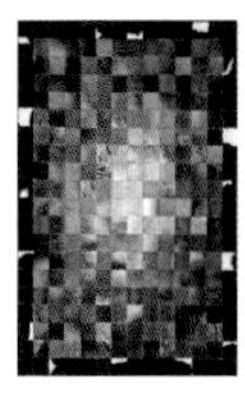
皮毛地毯

豹纹床品

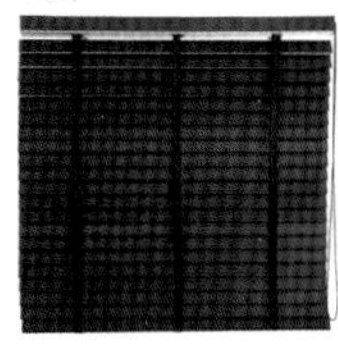
百叶窗帘

**灯具**

裸露的灯泡

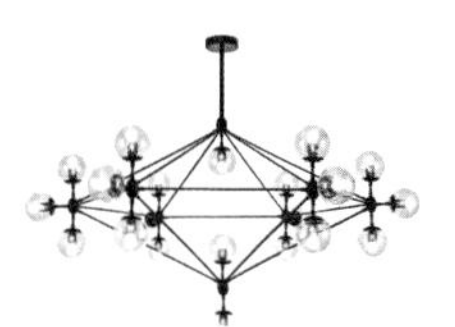
创意魔豆灯

双关节台灯

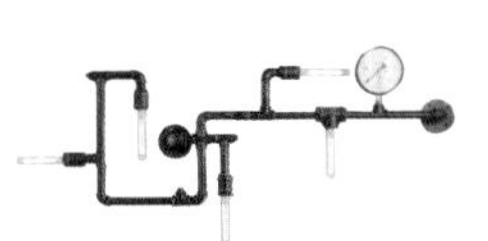
水管造型壁灯

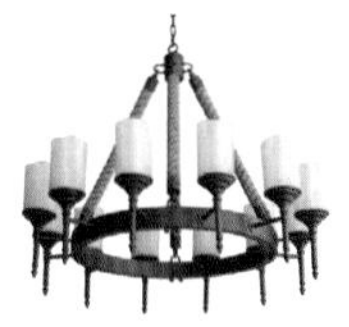
麻绳吊灯

铁艺吊灯

**装饰品**

水管装饰

齿轮装饰

旧木花器

机械动物头摆件

金属摆件

做旧风扇挂钟

水管装饰

玻璃球灯

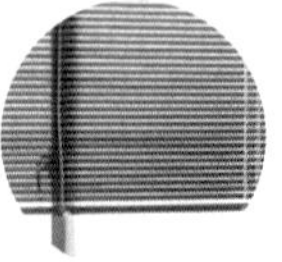
百叶窗

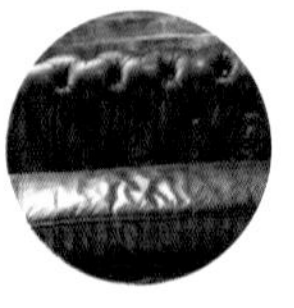
皮质沙发

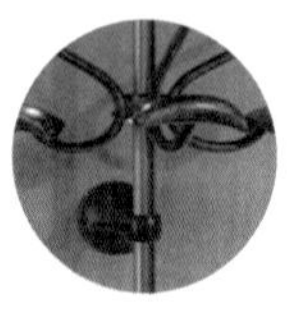
铁艺衣架

铆钉矮柜

实木做旧茶几

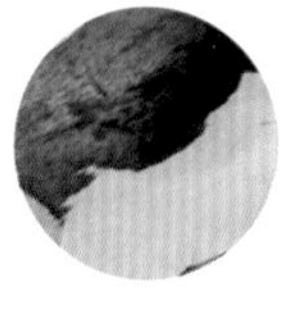
皮毛地毯

# 北欧风格

## 一、软装设计要点

北欧的设计关注生活本身，深入分析功能的合理性，摒弃过于花哨的装饰，回归本真的生活状态。保留并不刻意修饰家具材质的肌理构造节点，反而让它成为一种形式上的审美。

### 1. 功能流线

北欧风格室内家具的摆放需要符合空间功能划分，以及设计尊重人性化要求。选择有直线线条或者自然曲线线条的家具，以此来体现北欧风格的洁净流畅。

### 2. 配色统一展现和谐感

简洁的色彩运用对于风格的创造很重要。使用黑白色家具营造强烈效果，可以多用中性色进行过渡，搭配松木、桦木等原木色，给人印象深刻但并不觉得突兀。

### 3. 符合人体曲线的家具

“以人为本”是北欧家具设计的精髓。北欧家具不仅追求造型美，更注重从人体结构出发，讲究它的曲线如何在与人体接触时达到完美的结合。它突破了工艺、技术僵硬的理念，融进人的主体意识，从而变得充满理性。

## 二、常用软装元素

### 1. 天然材质家具是首选

北欧风格家具所使用的材质不仅会保留木材本身的结疤或纹理，而且在家具连接处，常会保留连接两部分的企口或者螺钉，这样的细节保留也是北欧风格的另一种体现。

### 2. 布艺色彩、图案自然化

北欧风格中布艺的色彩要与整体主色协调，形状图案偏向树叶、花影或者奔跑的动物、飞翔的小鸟等自然界里的景观。

### 3. 灯具要简洁富有造型感

北欧风格里的灯具一般造型简洁，几何感强，比如半圆体、圆柱体、倒梯体等；有些灯罩上还会有自然的图案。

### 4. 壁炉和画框组合必不可少

北欧风格里可以选择造型简单的壁炉作为装饰，壁炉上方的空间也可以用来摆放简单的装饰摆件；而在空白的墙面，可以用画框组合来装饰，既不凌乱又能彰显品位。

# 常见软装元素一览表

## 家具

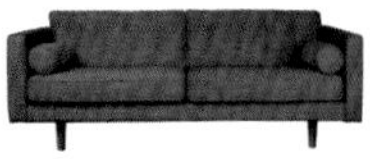

简洁布艺沙发

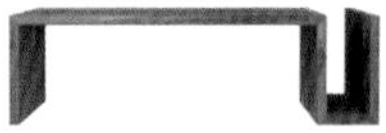

多功能家具

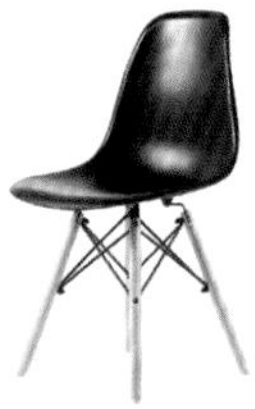

伊姆斯椅

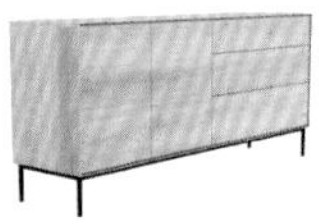

板式家具

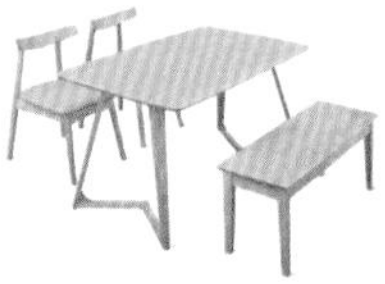

实木餐桌椅

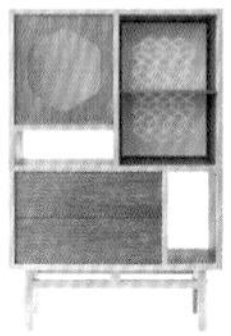

低矮边柜

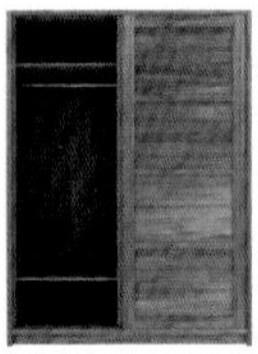

两门衣柜

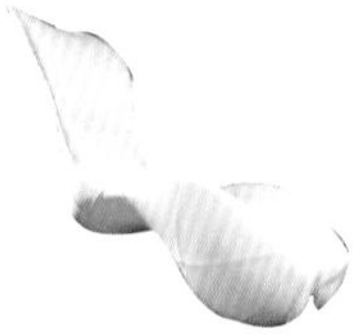

人体工学躺椅

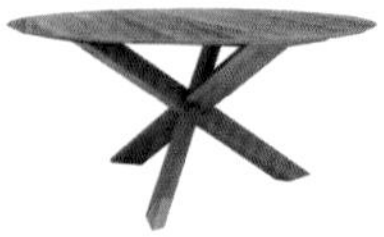

圆茶几

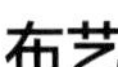


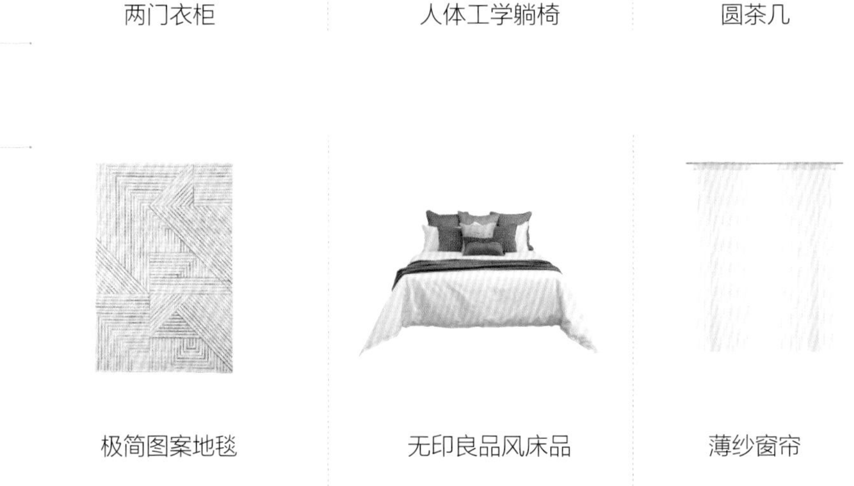

极简图案地毯

无印良品风床品

薄纱窗帘

**灯具**

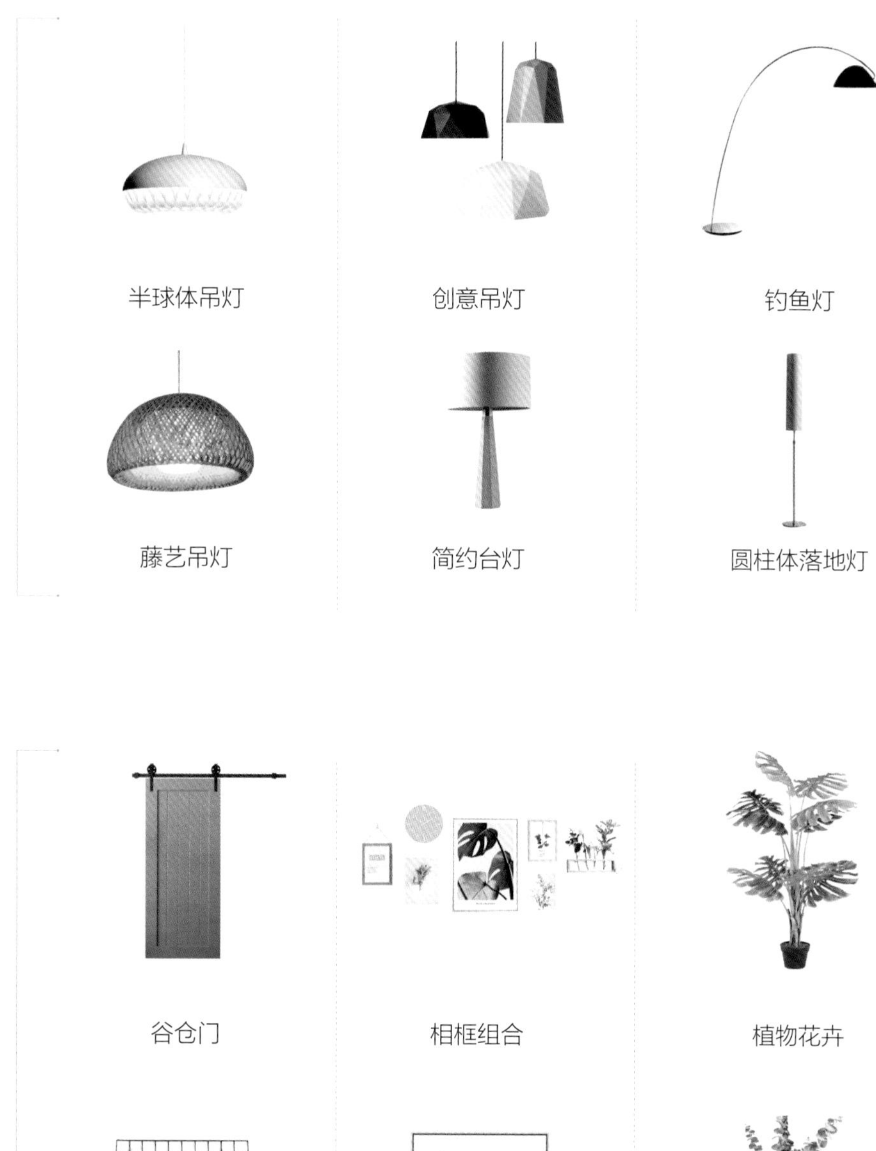

半球体吊灯　创意吊灯　钓鱼灯

藤艺吊灯　简约台灯　圆柱体落地灯

**装饰品**

谷仓门　相框组合　植物花卉

网格置物架　绿植装饰画　药瓶装饰花瓶

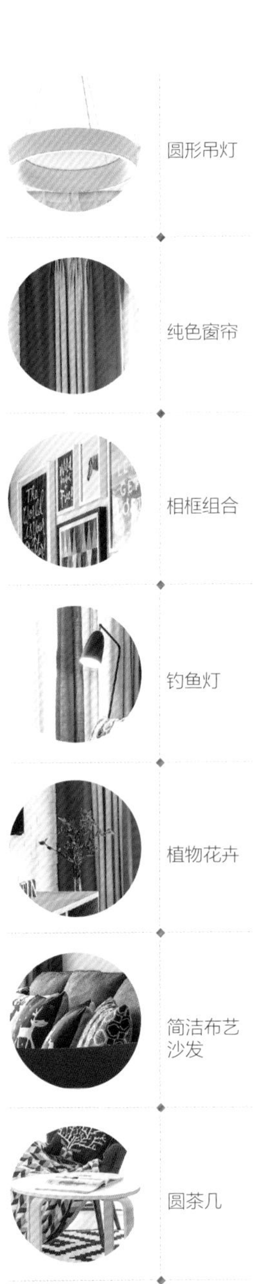
圆形吊灯
纯色窗帘
相框组合
钓鱼灯
植物花卉
简洁布艺沙发
圆茶几 
极简图案地毯

The World is Your Oyster!

## 现代风格、简约风格、工业风格、北欧风格之间的异同

现代风格、简约风格、工业风格和北欧风格这四种家居风格，在理论上皆属于现代风格的范畴。按时间轴顺序现代风格为鼻祖，起源于 19 世纪的包豪斯学派，而简约风格则来源于现代派的极简主义。工业风格和北欧风格盛行于 20 世纪，是广受青年一代青睐的家居设计风格。

### 四种风格的适用人群、户型及软装造价

| | 适用人群 | 适用户型 | 软装造价（元） |
|---|---|---|---|
| 现代风格 | 20~45 岁中青年，对时尚元素有所追求 | 任意户型 | 5~8 万 |
| 简约风格 | 任意年龄段，追求经济型装修的人群 | 面积小于 $80m^2$ 的小户型 | 3~6 万 |
| 工业风格 | 20~35 岁的青年人群，以男性业主来主导家居中的装修风格 | $80{\sim}120m^2$ 的中户型 | 5~10 万 |
| 北欧风格 | 20~35 岁的青年人群，拥有独立的审美情趣 | $60{\sim}120m^2$ 中小户型 | 4~9 万 |

### 四种风格设计元素上的异同对比

#### 1. 色彩

**相同处** 皆适用于无彩色系

**不同处**

①无彩色的运用比例不同：

| | |
|---|---|
| 简约风格和北欧风格 | 常以白色为主色，占据空间配色的较大比例 |
| 工业风格 | 往往以黑色和灰色占据空间配色的较大比例 |
| 现代风格 | 根据业主的需求，无彩色的运用比例也较为随意，黑白灰三色中的任何一种色彩皆可以作为空间主色 |

②点缀色的选择不同：

| | |
|---|---|
| 现代风格 | 除了主色之外，点缀色的选择很广泛，几乎没有限制 |
| 工业风格 | 点缀色相对单一，常见的为棕、红色系，色调上常以暗色调和浓色调为主 |
| 简约风格 | 点缀色几乎不受限制，但在比例上却不宜过大，一般占空间配色的 20% ~30% |
| 北欧风格 | 常见的点缀色有黄色、蓝色、茱萸粉等，色调上常见纯色调、明色调和微浊色调 |

## 2. 材质

**相同处** 冷质和人工材质的运用（北欧风格除外）

**不同处**

| | |
|---|---|
| 现代风格和工业风格 | 会大量使用诸如金属、玻璃等冷质材料，体现出风格的冷硬感 |
| 简约风格 | 也会运用冷质和人工材质，但比例上大大缩减，一般只会用在个别家具和造型墙面的设计上 |
| 北欧风格 | 很少见冷质材料，会大量使用木材、布艺等暖材质 |

## 3. 图案

**相同处** 利落、流畅的线条，几何图形

**不同处** 现代风格、简约风格的线条大多为横平竖直的；工业风格、北欧风格的线条会出现圆润的弧线形。图案方面，几何图形均适用于四种风格，而工业风格和现代风格的图案会更加夸张、个性一些。

## 现代风格

线条较平直

多见金属材质

点缀色范围广

无色彩比例运用随意

## 简约风格

空间线条比较平直

点缀色比例不超过 30%

少量冷材质的家具

白色占比例较大

## 工业风格

以灰色为主　　暗色调棕色点缀　　圆润线条出现较多　　较多金属材质制品

## 北欧风格

白色为主

冷质材料较少

纯色调的红色为点缀色

家具线条比较圆润

学习要点

1. 中式古典风格的常见软装元素及应用技巧。

2. 新中式风格的常见软装元素及应用技巧。

3. 欧式古典风格的常见软装元素及应用技巧。

4. 新欧式风格的常见软装元素及应用技巧。

5. 法式风格的常见软装元素及应用技巧。

# 中式古典风格

## 一、软装设计要点

中式古典风格是在室内布置、线形、色调以及家具、陈设的造型等方面，吸取传统装饰“形”“神”的特征，以传统文化内涵为设计元素，讲究空间的层次感。

### 1. 配色鲜艳体现喜庆和气派

中式古典风格软装配色中常用中国红和黄色系，以及实木的棕红色。这些鲜艳的颜色被广泛运用于室内色彩装饰，表现了居室的典雅和气派感。因此，无色系色彩很少大面积出现。

### 2. 木质材料为主

在中式古典风格的家居中，木材的使用比例非常高，而且多为重色，例如黑胡桃、柚木、沙比利等。为了避免沉闷感，其他部分适合搭配浅色系，如米色、白色、浅黄色等，以减轻木质的沉闷感，从而使人觉得轻快一些。

### 3. 常见垭口和镂空造型

中式特色垭口越来越频繁地将门在家中的位置取代，从而演变出了另一种空间分割的方式。镂空类造型如窗棂、花格等可谓是中式的灵魂，常用的有回字纹、冰裂纹等，可令居室具有丰富的层次感，也能立刻为居室增添古典韵味。

## 二、常用软装元素

### 1. 实木家具最有代表性

中式古典风格家具以木材为主，图案多讲究精雕细琢、瑰丽奇巧；此外，木材可以充分发挥其物理性能，用装修构件分合空间，创造出独特的木结构或穿斗式结构。

### 2. 布艺颜色以暖色为主

为了配合整体居室氛围，中式古典风格布艺的色彩基本以黄色、红棕色为主，偶尔以白灰色为点缀。

### 3. 灯具选择传统风味浓厚

宫灯是中国彩灯中富有特色的汉民族传统手工艺品之一，主要是以细木为骨架，镶以绢纱和玻璃，并在外绘以各种图案的彩绘灯。传统宫灯充满宫廷的气派，可以令中式古典风格的家居显得雍容华贵。

### 4. 雀替和挂落为风格点睛

雀替是安置于梁或阑额与柱交接处承托梁枋的木构件，也可以用在柱间的挂落下，或为纯装饰性构件。它可以增加梁头抗剪能力或减少梁枋间的跨距。而挂落是中国传统建筑中额枋下的一种构件，常用镂空的木格或雕花板做成，用作装饰或同时划分室内空间。

# 常见软装元素一览表

## 家具

榻

明清家具

案

圈椅

官帽椅

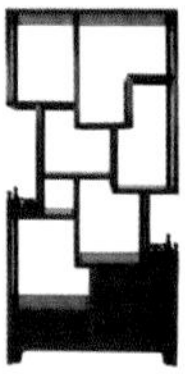

博古架

中式架子床

太师椅

坐墩

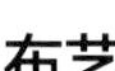

## 布艺

罗汉床坐垫

古典刺绣抱枕

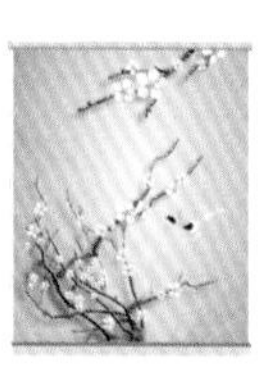

梅花卷帘

## 灯具

宫灯

荷花造型壁灯

祥云造型台灯

古典灯笼灯

麻绳吊灯

玻璃球灯

## 装饰品

雀替

瓷器

木雕壁挂

茶具

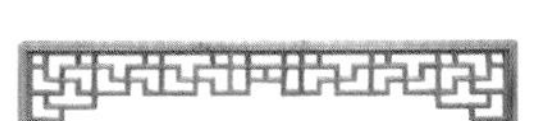
挂落

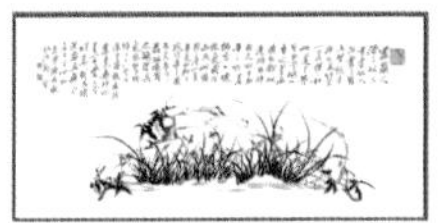
传统字画

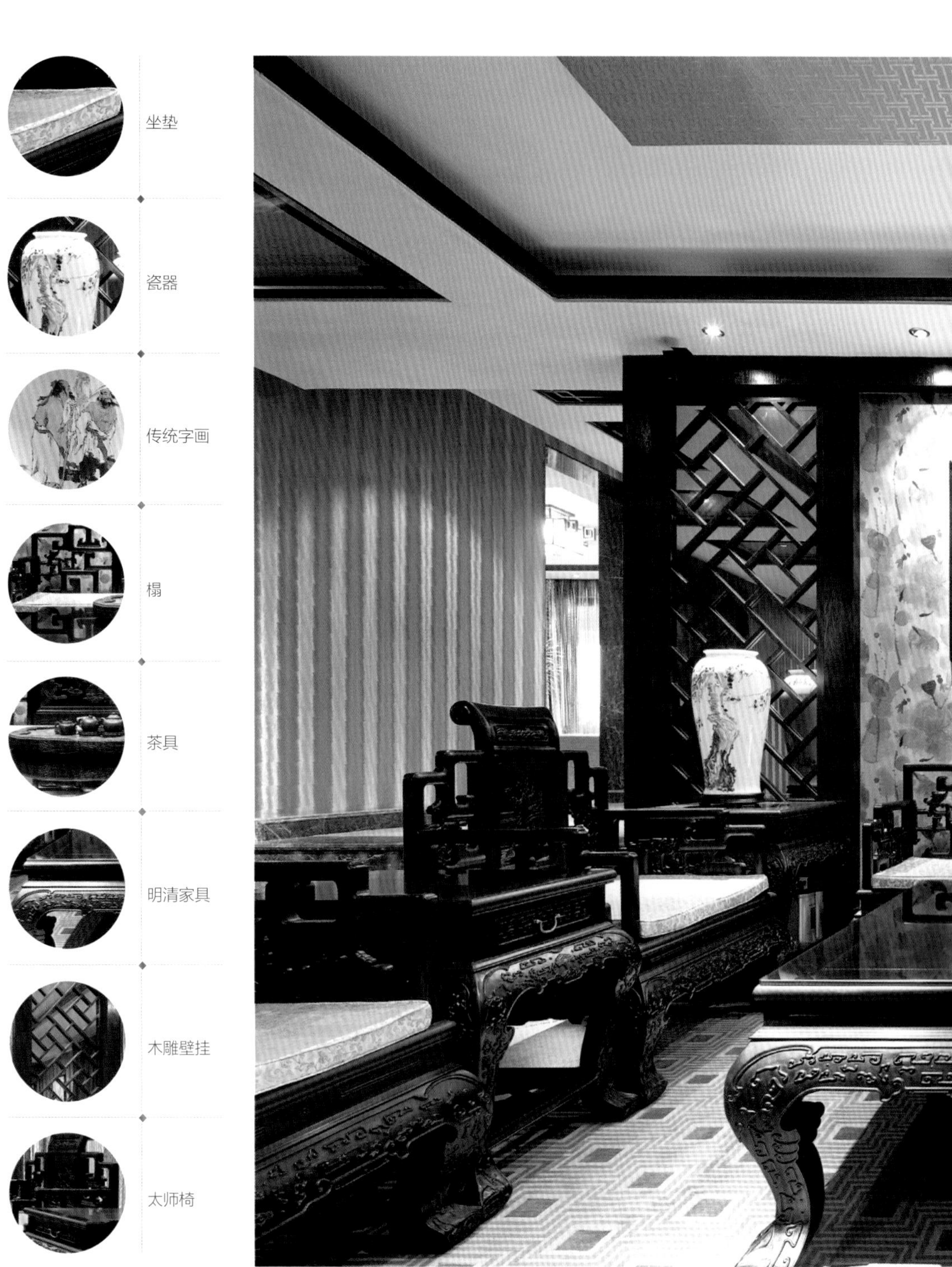
坐垫
瓷器
传统字画
榻
茶具
明清家具
木雕壁挂
太师椅

# 新中式风格

## 一、软装设计要点

新中式风格不是纯粹的元素堆砌，而是通过对传统文化的认识，将现代元素和传统元素结合在一起，以现代人的审美需求来打造富有传统韵味的居室，让传统艺术的脉络传承下去。

### 1. 配色注重自然和谐

新中式风格讲究的是色彩自然和谐的搭配，因此在对居室进行设计时，需要对空间色彩进行通盘考虑。经典的配色是以黑、白、灰、棕色为基调；在这些主色的基础上，可以用皇家住宅的红、黄、蓝、绿等作为局部色彩。

### 2. 材质不再拘泥于天然材料

新中式风格的主材往往取材于自然，如用来代替木材的装饰面板、石材等。但也不必拘泥，只要熟知材料的特点，就能够在适当的地方用适当的材料，即使是玻璃、金属等，一样可以展现新中式风格。

### 3. 自然图案提升空间内涵感

新中式风格中常借用植物的某些生态特征，赞颂人类崇高的情操和品行。如竹有“节”，寓意人应有“气节”；梅、松耐寒，寓意人应不畏强暴、不怕困难。这些元素用于新中式的家居中，使中式古典的思想得到延续与传承。

## 二、常用软装元素

### 1. 家具以简练代替繁重

新中式的家居风格中，庄重繁复的明清家具的使用率减少，取而代之的是线条简单的中式家具，体现了新中式风格既遵循着传统美感，又加入了现代生活简洁的理念。

### 2. 布艺材质轻柔

新中式风格布艺多用丝、纱、织物等，质地轻柔，减少了直线条家具带来的严肃感。布艺色彩没有过多的限制，但要考虑配合整体色彩，使空间整体和谐协调。

### 3. 传统与现代融合的灯具

新中式风格的灯具既可以选择传统中式古灯，增添古时风味；也可以选择新型材料仿古造型的简约灯具，从而更贴近现代人生活，如莲花造型的伞灯、含有中国流苏元素的吊灯。

### 4. 青花瓷器最有风格韵味

在中式风格的家居中，摆上几件青花装饰品，可以令家居环境风雅大方，也将中国文化的精髓满溢于整个居室空间。

# 常见软装元素一览表

## 家具

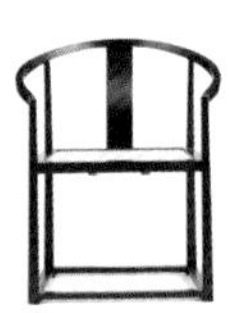
圈椅

无雕花架子床

布艺罗汉床

线条简练的中式家具

简约玄关案台

组合餐桌椅

简约化博古架

陶瓷鼓凳

榫卯工艺角几

## 布艺

绣花靠枕

古典水墨床品

古典回字纱窗帘

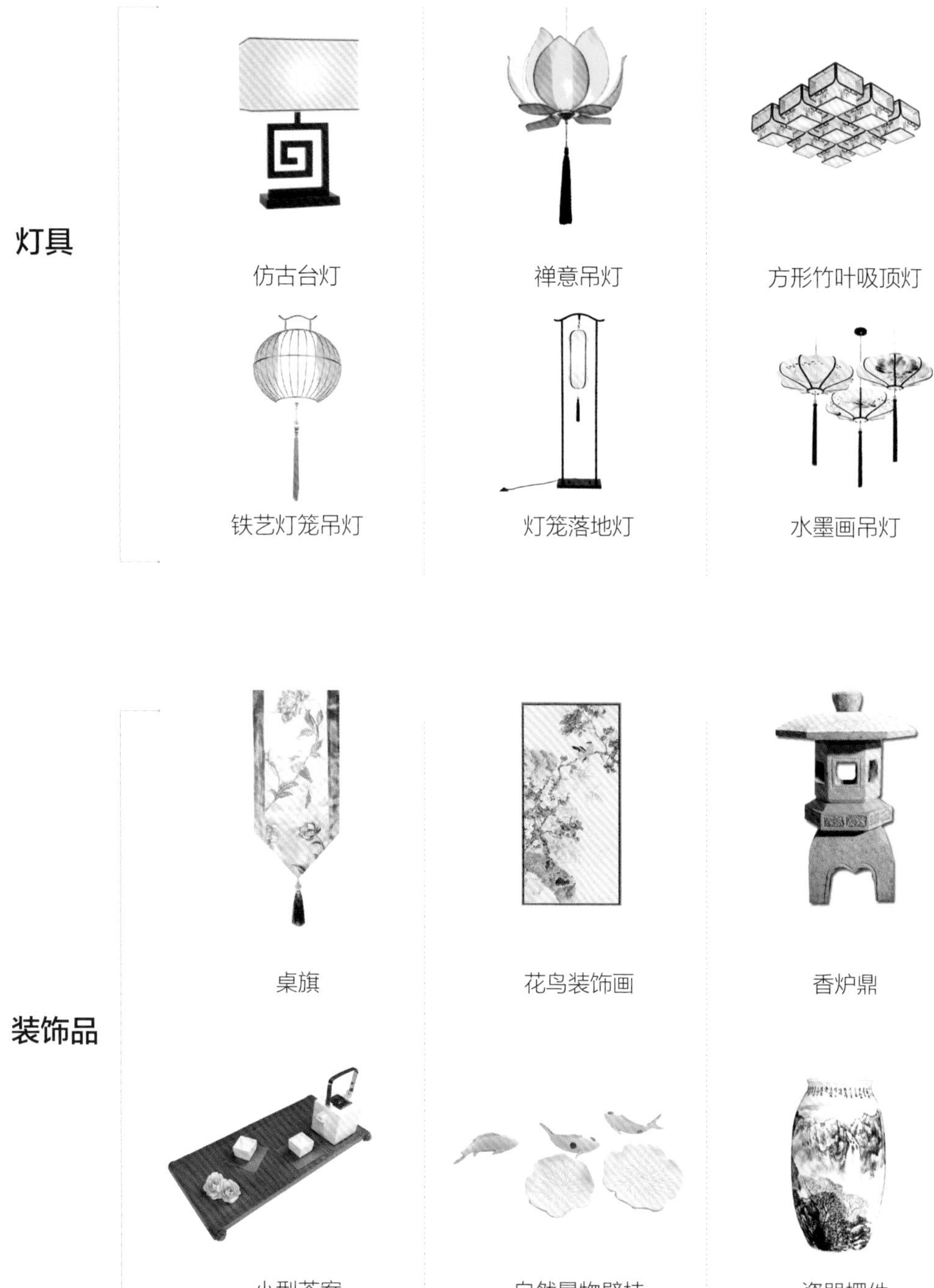
灯具
仿古台灯
禅意吊灯
方形竹叶吸顶灯
铁艺灯笼吊灯
灯笼落地灯
水墨画吊灯
装饰品
桌旗
花鸟装饰画
香炉鼎
小型茶案
自然景物壁挂
瓷器摆件

仿古台灯

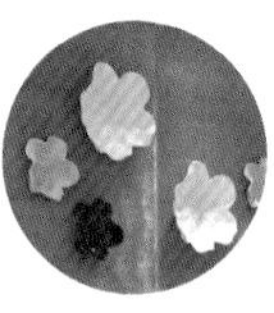
自然景物壁挂

绣花靠枕

桌旗

陶瓷鼓凳

圈椅

小型茶案

瓷器摆件

# 欧式古典风格

## 一、软装设计要点

欧式古典风格追求华丽、高雅，典雅中透着高贵，深沉里显露豪华，具有很强的文化韵味和历史内涵。室内多用带有图案的壁纸、地毯、窗帘、床罩、帐幔以及古典式装饰画或物件；为体现华丽的风格，家具、门、窗多漆成白色，家具、画框的线条部位饰以金线、金边。

### 1. 配色艳丽大胆

欧式古典风格色彩绚丽，用色大胆，色彩对比强烈。风格中经常运用到明黄、金色等，搭配黑、白、棕色，可以营造出富丽堂皇的效果，突出体现了豪华与大气。

### 2. 精美细节的雕刻家具

经过古希腊、古罗马的洗礼之后，欧式古典家具更偏重于有着精雕细刻、富于装饰性的实木家具。奢华的古典家具，可让人深刻感受到实用与美观的完美结合，是超越动能之外的视觉盛宴。

### 3. 线条流畅的形状图案

欧式古典风格对造型的要求较高。例如门的造型设计，包括房间的门和各种柜门，既要突出凹凸感，又要有优美的弧线，两种造型相映成趣、风情万种。

# 二、常用软装元素

## 1. 雕刻复杂精致的家具为代表

欧式古典风格的复古华丽来源于对家具精益求精的雕刻、繁复流畅的图案，流动畅快地与整体空间融为一体。细致的细节刻画，无不展现欧式古典风格的华丽典雅。

## 2. 布艺色彩和质感华丽

布艺在室内空间占有很大的覆盖面，对室内气氛、格调等起了很大的作用，而欧式古典风格布艺的样式、色彩与质感往往比较华丽，给人雍容华贵之感。

## 3. 繁复抽象的西方风格灯具

在欧式古典风格的空间里，灯饰设计应选择具有西方风情的造型，比如复古造型的壁灯；房间也可采用反射式灯光照明或局部灯光照明，从而增添空间华丽感。

## 4. 雕塑、油画必不可少

油画和雕像从某种程度上来说也是西方文明的一种象征，绘画利用透视手法营造空间开阔的视觉效果，而雕塑充满动感、富有激情。

# 常见软装元素一览表

## 家具

奢华单人椅

兽腿家具

贵妃沙发椅

四柱床

床尾凳

色彩鲜艳的沙发

矮凳

复杂花纹边几

金漆家具

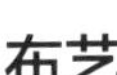

## 布艺

繁复花纹地毯

刺绣丝绵床品

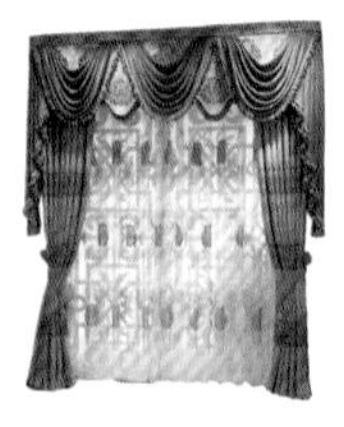

罗马帘

## 灯具

水晶吊灯

蜡烛造型吊灯

水晶台灯

全铜壁灯

射灯

花枝吊灯

## 装饰品

壁炉

古典装饰镜

雕像

油画

玻璃果盘

颜色艳丽的仿真花

射灯
水晶吊灯
装饰镜
水晶台灯
颜色艳丽的仿真花
金漆沙发
玻璃果盘
兽腿茶几

# 新欧式风格

## 一、软装设计要点

新欧式风格在保持现代气息的基础上，变换各种形态，选择适宜的材料，再配以适宜的颜色，极力让厚重的欧式家居体现一种别样奢华的“简约风格”。

### 1. 配色抛弃浓郁色彩

相对于欧式古典风格的色彩艳丽分明，新欧式风格在色彩上多选用浅色调，以减少庄重感，使居室明亮气派。

### 2. 材料多选用板木结合的实木家具

新欧式风格多选择线条简练的实木家具，也保留了欧式古典风格自然和谐的氛围。家具的漆面具有封闭漆效果，不仅能将木皮的纹理尽情展示，在用手触摸时，还能感受到油漆饰面后的光滑、平整。

### 3. 讲究对称布局

新欧式风格的家居中，室内布局多采用对称的手法来达到平衡、比例和谐的效果。另外，对称布局还可以使室内环境看起来整洁而有序，又与新欧式风格的优美、庄重感联系在一起。

## 二、常用软装元素

### 1. 简化的复古家具

新欧式家具在古典家具设计师求新求变的过程中应运而生，是一种将古典风范与个人的独特风格和现代精神结合起来，去繁存简过后的线条简化的复古家具，使新欧式家居呈现出多姿多彩的面貌。

### 2. 布艺色彩柔和，花纹减少

新欧式风格中布艺的色彩也遵循整体风格多为浅色调，与整体搭配；材质上可选择少花纹的有质感的，如棕色窗帘或简单花纹的短毛地毯。

### 3. 灯具选择简单化

烦琐复杂的金铜水晶吊灯不再是新欧式风格的选择，代替的是简化的铁艺水晶吸顶灯；整体空间的灯光也偏明亮轻快。

### 4. 欧式茶具和天鹅陶艺品气质符合

欧式茶具华丽、圆润的体态，不仅可以提升空间的美感，还可以体现居住者的品位；而天鹅陶艺品则是经常出现的装饰物，不仅因为天鹅是欧洲人非常喜爱的一种动物，而且其优雅曼妙的体态，与新欧式的家居风格十分相配。

# 常见软装元素一览表

## 家具

线条流畅的简约沙发

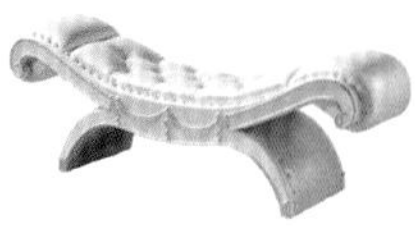

曲线家具

高脚凳

软包椅

不锈钢餐桌

罗马柱边几

实木烤漆茶几

简约雕花家具

线条简化的兽腿椅

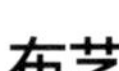

## 布艺

菱形深色地毯

真丝靠枕

帐幔

## 灯具

花朵吊灯

人像台灯

铁艺吊灯

全铜壁灯

简约水晶吊灯

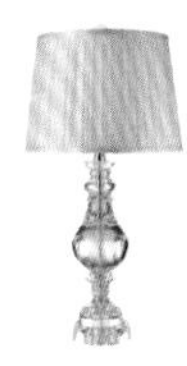
玻璃台灯

## 装饰品

烛台

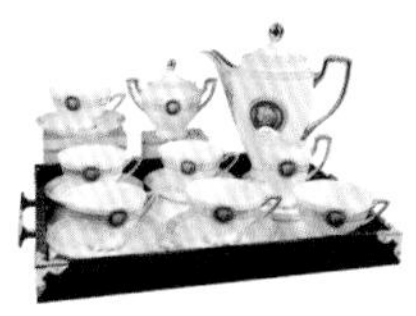
欧式茶具

玻璃盒

国际象棋

油画

颜色低调的插花

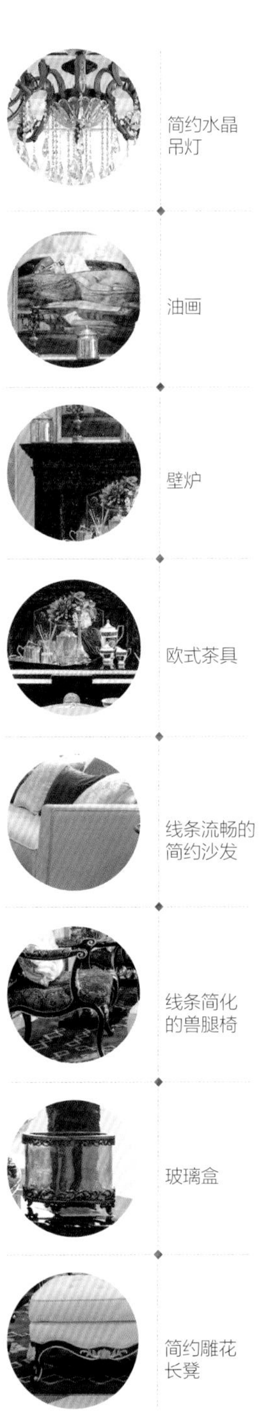
简约水晶吊灯
油画
壁炉
欧式茶具
线条流畅的简约沙发
线条简化的兽腿椅
玻璃盒
简约雕花长凳

# 法式风格

## 一、软装设计要点

法式风格比较注重营造空间的流畅感和系列化，很注重色彩和元素的搭配。常用洗白处理与华丽配色，搭配抢眼的古典细节镶饰，呈现皇室贵族般的品位。

### 1. 配色华丽明亮

整体上的金碧辉煌不言而喻，避开暗沉的色泽，摆脱沉重之气，令人眼前一亮；常使用造旧白，其色泽干净，非常的夺目，在简单中不失高雅气息。

### 2. 手工雕刻木材大量使用

流畅的家具线条搭配精心雕刻的实木材质，无不彰显庄重大方、典雅气派；选择花卉、植物等雕刻图案，不论是简单的还是繁复的，都显得高贵典雅。

### 3. 多采用对称造型

法式风格布局设计多用对称的造型，从视觉上感受恢宏的气势，家具的对称摆放，庄重却不严肃，展现了居住空间的豪华与舒适。

## 二、常用软装元素

### 1. 实木雕花家具仍为重心

法式风格家具在拥有流畅的线条和唯美的造型的基础上，对木材的颜色及材质也没有过多的限定，反而经常以雕刻、镀金、嵌木、镶嵌陶瓷及金属等装饰方法来表现风格特征。

### 2. 布艺色彩自然

法式风格拒绝浓烈的色彩，推崇自然、不矫揉造作的用色，偏爱明亮色系，以米黄、白、原色居多；也可以适当使用鲜艳的装饰色彩，如金、紫、红，夹杂在素雅的基调中温和地跳动，渲染出一种高雅的气质。

### 3. 纯银、水晶材质灯具受偏爱

在法国及欧洲其他地方，水晶和银器一样，都是富裕生活的象征。懂得生活的欧洲人，以简单高贵的水晶灯或者是典雅光亮的银质灯具来搭配整体空间。

### 4. 插花与旧物最易体现风格

法式风格喜用插花装饰空间，强调花材的质感及整体花形的协调性和饱满性，色彩搭配大胆且取悦人的视线。怀旧的灯具、镜子等也可以当作配饰，体现法式风格的精致古典感。

# 常见软装元素一览表

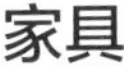

象牙白家具

描金边家具

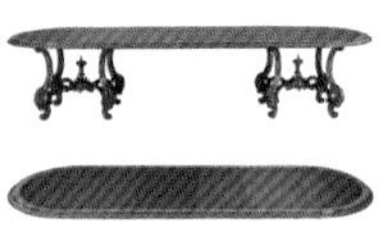
雕花家具

仿旧家具

四柱床

吧台椅

斗柜

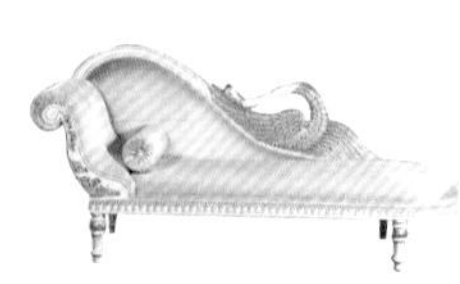
描金贵妃椅

扶手单人椅

## 布艺

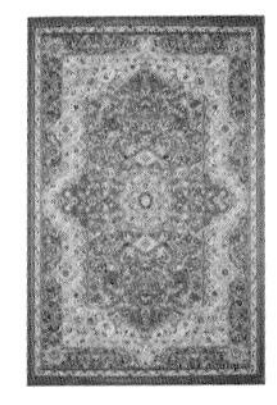
亚麻印花地毯

装饰抱枕

罗马帘

**灯具**

铁艺吊灯　陶瓷吊灯　水晶吊灯

陶瓷台灯　古典立式灯　花朵吊灯

**装饰品**

插花

古董罐

装饰镜

风景油画

欧式茶具

雕塑摆件

水晶吊灯

罗马帘

装饰镜

风景油画

插花

欧式茶具

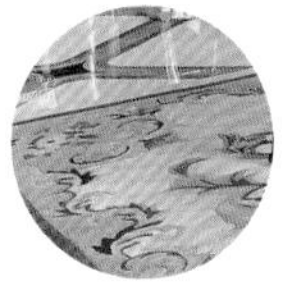
亚麻印花地毯

描金边家具

1. 美式乡村风格的常见软装元素及应用技巧。
2. 田园风格的常见软装元素及应用技巧。
3. 东南亚风格的常见软装元素及应用技巧。
4. 地中海风格的常见软装元素及应用技巧。
5. 四种风格之间软装选用的差异化特征。

# 美式乡村风格

## 一、软装设计要点

美式乡村风格是摒弃了烦琐和豪华，并将不同风格中优秀元素汇集融合，以舒适为导向，强调“回归自然”。

### 1. 配色以自然色调为主

棕色系是接近泥土的颜色，常被联想到自然、简朴，意味着体现收获的时节，因此被广泛地运用于美式乡村风格的家居中；绿色系清爽天然，符合乡村风格追求自然的韵味。

### 2. 厚重木材材质

美式风格主要使用可就地取材的松木、枫木，不用雕饰，仍保有木材原始的纹理和质感，因此体积庞大，质地厚重，充分显现出乡村的朴实风味。

### 3. 鹰形图案和鸟虫鱼图案

白头鹰是美国的国鸟。在美式乡村风格的家居中，这一象征爱国主义的图案也被广泛地运用于装饰中。另外，在美式乡村的家居中也常常出现鸟虫鱼图案，体现出浓郁的自然风情。

## 二、常用软装元素

### 1. 粗犷的木家具

家具造型简单、明快、大气，不乏经典的影子，而且收纳功能更加强大。美式家具尤其倡导自然，采用看似未加工的原木，比如樱桃木、胡桃木来制造家具，以突出原木质感。

### 2. 布艺色彩浓郁，材质暖质

美式乡村风格中各式大花图案的布艺备受宠爱，给人一种自由奔放、温暖舒适的心理感受。棉麻材质是主流，布艺的天然感与乡村风格能很好地协调。

### 3. 金属材质灯具亦能表达风格

由于美式风格追求自由原始的特征，灯具的选择也去繁留简，简单大方的造型搭配粗狂的实木家具，美观而协调。

### 4. 绿植花卉不可缺少

绿植花卉给家带来了清新的田间气息，自然而然便成为了这种朴素的装饰格调的重要组成元素；而配饰上各种花卉植物自然可爱，也是很好的选择之一。

# 常见软装元素一览表

## 家具

真皮复古沙发

粗犷的木家具

摇椅

四柱床

碎花沙发

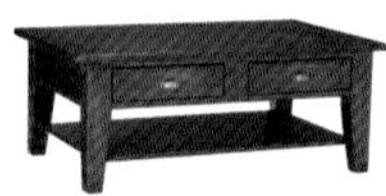

实木茶几

圆柱腿边几

斗柜

碎花软包凳

## 布艺

织花地毯

花卉靠枕

花卉植物图案窗帘

## 灯具

全铜吊灯

黑色铁艺吊灯

彩绘玻璃吸顶灯

风扇灯

铁艺壁灯

钟表台灯

## 装饰品

大型绿植

野花插花

仿古电话机

石砌壁炉

自然风光油画

动物雕像

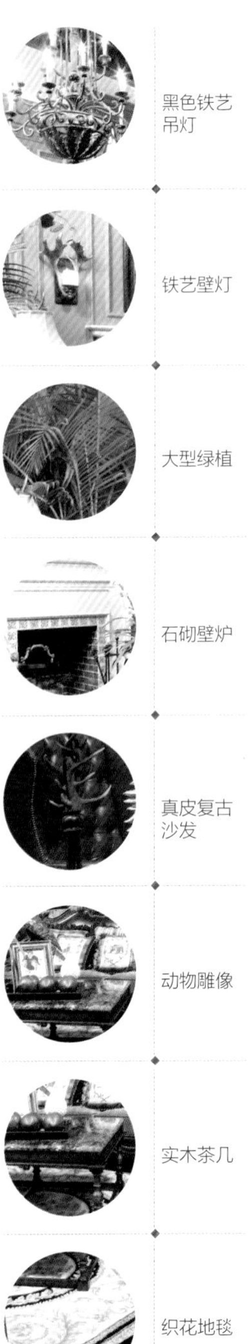
黑色铁艺吊灯
铁艺壁灯
大型绿植
石砌壁炉
真皮复古沙发
动物雕像
实木茶几
织花地毯

# 田园风格

## 一、软装设计要点

田园风格倡导"回归自然"，美学上推崇"自然美"，认为只有崇尚自然、结合自然才能在当今高科技、快节奏的社会生活中获取生理和心理的平衡。因此田园风格力求表现悠闲、舒畅、自然的田园生活情趣。

### 1. 配色轻快明朗

田园风格以明亮的白色或象牙白为主，搭配粉蓝、粉红等浅色系色调，整体给人一种简单素雅的感觉，从颜色和简单的造型上给人营造出田园风格的浪漫、优雅。

### 2. 材质多选择纯实木

田园风格家具多以白色为主，木制的较多，木制表面的油漆或体现木纹，或以纯白瓷漆为主，但不会有复杂的图案在内。

### 3. 花卉图形最常出现

田园风格最大的特点是朴实、亲切，各种不同的花卉图案给居室带来了自然简单的乡村韵味。

## 二、常用软装元素

### 1. 简易雕花实木家具创造风格

田园风格中选择了白色的纯色调的家具，在颜色上没有过多的特点，但在家具四周雕刻着精细的雕花，从而显示出田园风格的浪漫的特点。

### 2. 布艺色彩清淡，材质轻柔

田园风格打造上，可以选择田园花色的或者是一些素淡的窗帘，但是要想让田园风格更加的丰满，最主要是选择一些轻质的窗帘，配合整体的氛围。

### 3. 灯具选择自然古朴

田园风格下的灯具选择可以尽量自然简单，比如花卉、枝叶造型的白色铁灯；灯光上多使用偏暖的橘色，营造一种浪漫温馨的感觉。

### 4. 仿旧摆件搭配野花插花

富有历史风情的小摆件适合充满怀旧情怀的田园风格，搭配上自然随意的野花插花，让居室空间充斥着浪漫和谐的气氛。

# 常见软装元素一览表

## 家具

象牙白家具

格子图案家具

手绘家具

仿旧茶几

布艺矮凳

碎花沙发

铁艺家具

藤编家具

温莎椅

## 布艺

碎花地毯

花朵抱枕

纱帘

## 灯具

花朵铁艺灯

自然图案台灯

烛台吊灯

铁艺吸顶灯

棉麻灯罩台灯

花草壁灯

## 装饰品

插花

藤编收纳盒

陶瓷手绘果盘

花草装饰画

挂盘装饰

动物造型摆件

铁艺吊灯
纱帘
花草装饰画
花朵抱枕
自然图案
台灯
插花
动物造型
摆件
藤编收纳盒

TOWER BRIDGE

# 东南亚风格

## 一、软装设计要点

东南亚风格的家居设计以其来自热带雨林的自然之美和浓郁的民族特色风靡世界。它注重原汁原味，重视手工工艺而拒绝同质的乏味，在居室给人们带来南亚风雅的气息。

### 1. 配色原始自然

东南亚风格的居室一般会给人带来热情奔放的感觉，这一点主要是通过室内大胆的用色来体现。除了缤纷的色彩，原木色以其拙朴、自然的姿态成为追求天然的东南亚风格的最佳配色方案。

### 2. 竹藤制材料成为搭配要点

东南亚风格的家居物品多用实木材料打造，这样会使居室显得自然古朴，为了避免天然材质自身的厚重可能带来的压迫感，竹藤材质的家具可以减少居室严肃感，带来自然轻快的氛围。

### 3. 图案造型以花草、禅意为主

东南亚风格的家居中，花草图案的表现是以区域型呈现的，比如在墙壁的中间部位或者以横条竖条的形式呈现；而禅意风情的图案则作为点缀出现在家居环境中。

## 二、常用软装元素

### 1. 木雕家具最为抢眼

东南亚风情家具崇尚自然，木材在色泽上保持自然材质的原色调，大多为褐色等深色系，在视觉上给人以泥土与质朴的气息；纯手工雕刻，完全不带一丝工业化的痕迹，纯朴的味道尤其浓厚。

### 2. 布艺以暖色点缀

布艺色调的选用中，南亚风情标志性的炫色系列多为深色系，在光线中会变色，沉稳中透着点儿贵气。深色的家具适宜搭配色彩鲜艳的装饰，例如大红、嫩黄、彩蓝；而浅色的家具则应该选择浅色或者对比色，如米色可以搭配白色或者黑色。

### 3. 灯具复古精美化

东南亚风格里灯具的选择可以比较随意，可以选择雕刻精美的木质灯，也可以选择带有禅意复古造型的灯具。

### 4. 佛手和木雕风格特征显著

东南亚国家多具有独特的宗教和信仰，因此带有浓郁宗教情结的家饰相当受宠。如佛手装饰物，既具有造型感，又体现出禅意的特征；另外木雕大象、雕像和餐具也是很受欢迎的室内装饰品。

# 常见软装元素一览表

## 家具

木雕家具

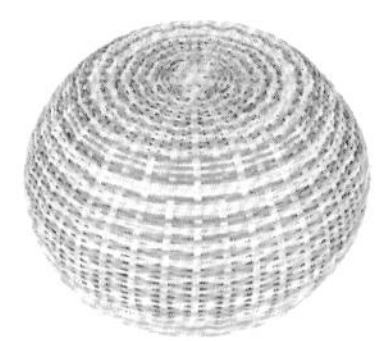

藤编家具

实木彩绘屏风

大象造型矮凳

雕花展示柜

实木贵妃椅

边几

佛手鞋柜

架子床

## 布艺

泰丝抱枕

纱幔

剑麻地毯

## 灯具

椰壳装饰壁灯　实木雕刻台灯　金箔壁灯

佛塔造型灯具　芭蕉叶扇灯　彩绘玻璃灯

## 装饰品

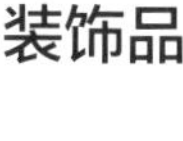

大象装饰品　雕花装饰画　佛手烛台

锡器　佛像摆件　热带绿植

芭蕉叶扇灯
佛像摆件
热带绿植
泰丝抱枕
雕花装饰画
锡器
木雕家具
藤编家具

# 地中海风格

## 一、软装设计要点

地中海风格装修是最富有人文精神和艺术气质的装修风格之一。通过一系列开放性和通透性的装饰语言来表达自由精神内涵；同时，它通过取材天然的材料方案，来体现向往自然、亲近自然、感受自然的生活情趣。

### 1. 配色纯美自然

地中海风格的基础是明亮、大胆、色彩丰富，有明显特色。主要的颜色来源是白色、蓝色、黄色、绿色以及土黄色和红褐色，这些都是来自于大自然最纯朴的元素。而其中蓝色与白色的搭配，可谓地中海风格家居中最经典的配色。

### 2. 原木、石材常被使用

地中海风格的家具一般选择自然的原木、天然的石材等，通过擦漆做旧的处理方式，搭配贝壳、鹅卵石等，表现出自然清新的生活氛围。

### 3. 常见随意的线条和圆润的图案

地中海沿岸的房屋或家具的线条显得比较自然，而不是直来直去的，因而无论是家具还是建筑，都形成一种独特的悠闲随意的造型。

## 二、常用软装元素

### 1. 船形家具风格独特

地中海风格中船形家具独有的造型感，十分具有装饰性。其独特的造型既能为家中增加一分新意，也能令人体验到来自地中海岸的海洋风情。

### 2. 布艺色彩干净，图案清爽

布艺材质上可以选择粗棉布，让整个家显得更加的质朴自然；同时，在布艺的图案上，最好是选择一些素雅的图案，这样会更加突显出蓝白两色所营造出的和谐氛围。

### 3. 灯具选择硬朗化

地中海风中灯具的选择可以偏向硬朗的铁艺灯具，既可以有不同清爽美观的造型，而且褐色搭配蓝白配色，更彰显风格悠闲爽朗的特征。

### 4. 海洋元素随处可见

在地中海浓郁的海洋风情中，当然少不了贝壳、海星这类装饰元素。这些小装饰在细节中为地中海风格的家居增加了活跃、灵动的气氛。

# 常见软装元素一览表

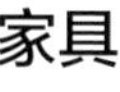

实木家具

铁艺家具

条纹沙发

船形储物柜

蓝白色电视柜

条纹实木圆桌

藤编床头柜

摇椅

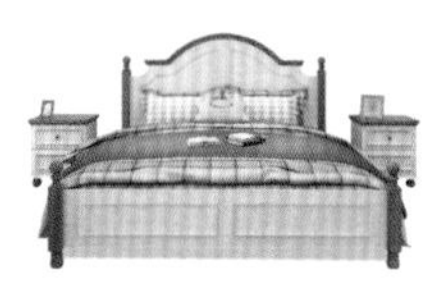

四柱床

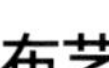

条纹床品

条纹窗帘

贝壳图案抱枕

## 灯具

蒂凡尼吊灯

铁艺吊灯

船锚造型台灯

吊扇灯

铁艺吸顶灯

人鱼造型壁灯

## 装饰品

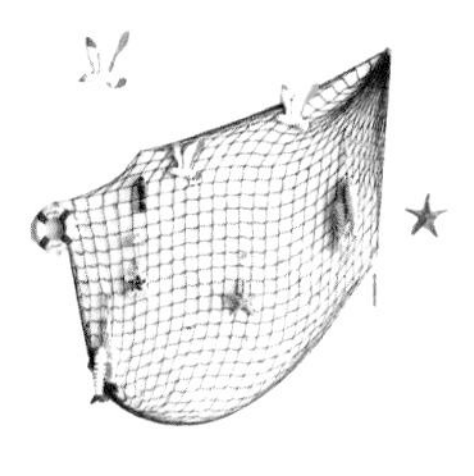

渔网挂饰

救生圈造型壁挂

帆船造型摆件

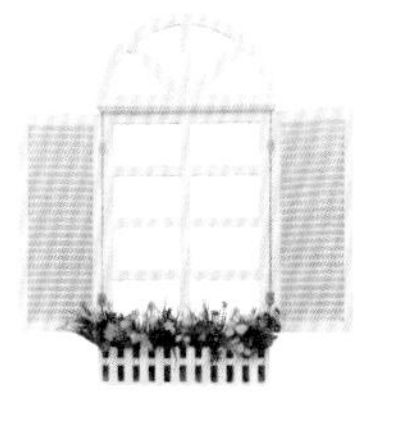

拱窗

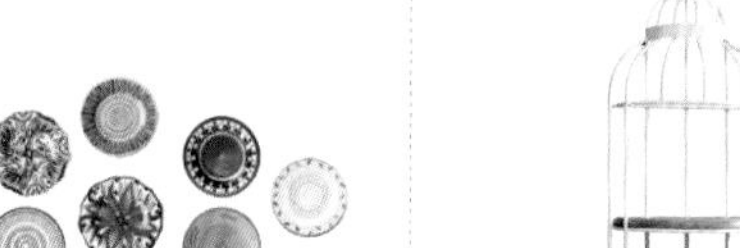

陶瓷挂盘

铁艺鸟笼装饰

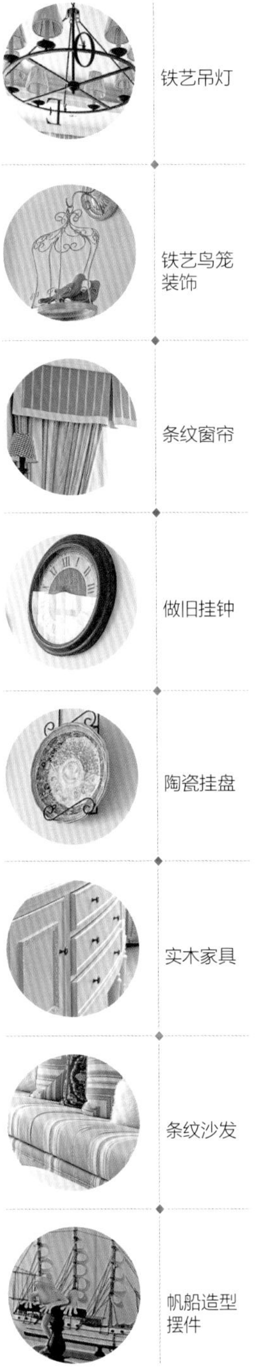
铁艺吊灯
铁艺鸟笼装饰
条纹窗帘
做旧挂钟
陶瓷挂盘
实木家具
条纹沙发
帆船造型摆件

TO THE
EACH

## 美式乡村风格、田园风格、东南亚风格、地中海风格之间的异同

美式乡村风格、田园风格、东南亚风格、地中海风格这四种家居风格，都是向往自然的风格。从具体形式上来看，美式乡村风格包含于田园风格，强调展现朴实生活的气息；东南亚风格强调原汁原味的纯朴气息；地中海风格则融合了田园风情与海岸独特风情。

### 四种风格的适用人群、户型及软装造价

| | 适用人群 | 适用户型 | 软装造价（元） |
|---|---|---|---|
| 美式乡村风格 | 25~45 岁的中青年，喜欢务实、规范、成熟风格的业主 | 面积大于 120m$^2$ 的大户型 | 8~15 万 |
| 田园风格 | 20~35 岁的青年人群，追求朴实舒适的生活环境的女性业主 | 60~120m$^2$ 中小户型 | 4~9 万 |
| 东南亚风格 | 25~45 岁的青年人群，适合喜欢安逸生活，平时对民族风情饰品有所收藏的业主 | 面积大于 120m$^2$ 的大户型 | 8~15 万 |
| 地中海风格 | 20~35 岁的青年人群，喜欢海岸风格的业主 | 60~120m$^2$ 中小户型 | 4~9 万 |

### 四种风格设计元素上的异同对比

#### 1. 色彩

**相同处** 皆适用于相近色组合

**不同处**

①相近色的运用组合不同：

| | |
|---|---|
| 美式乡村风格 | 常以红褐色、黄色和绿色的相近色为组合 |
| 田园风格 | 根据业主的喜好需求，相近色的搭配可随意进行 |
| 东南亚风格 | 常以红棕色、紫色、蓝色的相近色组合搭配 |
| 地中海风格 | 相近色的组合较少，基本以蓝色和白色为主 |

②点缀色的选择不同：

| | |
|---|---|
| 美式乡村风格 | 点缀色相对单一，常见的为黄色和绿色系 |
| 田园风格 | 除了主色之外，点缀色的选择很广泛，几乎没有限制 |
| 东南亚风格 | 常见的点缀色有紫色、绿色，色调上常见纯色调和明色调 |
| 地中海风格 | 点缀色几乎不受限制，但比例上不宜过多，一般占空间配色的 10% ~20% |

## 2. 材质

**相同处** 暖材质的大量运用

**不同处**

| | |
|---|---|
| 美式乡村风格和东南亚风格 | 会大量使用天然不经过额外加工的暖质材料，选择较为大气、有质感的家具 |
| 田园风格 | 多爱使用棉麻藤等暖质材料，选择上会更清爽古朴 |
| 地中海风格 | 除了使用暖质材料外，也会出现少量冷质材料 |

## 3. 图案

**相同处** 圆润流畅的线条，自然图案

**不同处** 美式乡村风格、地中海风格的线条大多为圆弧形；田园风格和东南亚风格的线条会出现竖直线条。图案方面，自然图案均适用于四种风格，而东南亚风格的图案会更有宗教风情。

## 美式乡村风格

大量天然厚重家具

线条圆润流畅

红棕色和黄色相近色组合

点缀色相对单一

## 田园风格

出现竖直线条

相近色的搭配较随意

点缀色几乎没有限制

棉麻材质偏多

## 东南亚风格

出现平直线条

大量暖质材料

常以红色、棕色、紫色相近色组合搭配

纯色调点缀色

## 地中海风格

圆弧形线条

蓝色白色为主

点缀色不受限制，但不超过空间配色的 10%

少量冷质材料出现